电 子 技 术

肖 军 主编

科学出版社

北 京

内 容 简 介

本书根据电工学课程教学基本要求编写而成，主要内容包括半导体器件、基本放大电路、集成运算放大器及其应用、门电路和组合逻辑电路、触发器和时序逻辑电路、CPLD/FPGA 基础、整流电路和直流稳压电源、晶闸管及其应用。

本书可作为高等院校工科非电类专业本科电工学课程电子技术部分的教材或教学参考书，也可供工程技术人员参考，还可供对电子技术有兴趣的读者自学使用。

图书在版编目(CIP)数据

电子技术 / 肖军主编. —北京：科学出版社，2022.9
ISBN 978-7-03-073135-7

Ⅰ. ①电… Ⅱ. ①肖… Ⅲ. ①电子技术－高等学校－教材 Ⅳ. ①TN

中国版本图书馆 CIP 数据核字（2022）第 168769 号

责任编辑：王喜军 张培静 / 责任校对：樊雅琼
责任印制：师艳茹 / 封面设计：无极书装

科 学 出 版 社 出版
北京东黄城根北街 16 号
邮政编码：100717
http://www.sciencep.com
北京密东印刷有限公司 印刷
科学出版社发行 各地新华书店经销
*
2022 年 9 月第 一 版 开本：787×1092 1/16
2023 年 1 月第二次印刷 印张：14 1/4
字数：338 000

定价：58.00 元
（如有印装质量问题，我社负责调换）

前　　言

　　电工学课程是高等院校工科非电类专业本科生必修的一门重要的专业技术基础课，是一门体系严谨、理论性和实践性都很强的课程，涵盖了电工电子领域的基本知识、基本理论和基本实践技能。随着科学技术的发展，工科非电类专业对电工学课程提出了越来越高的要求。本教材从适应教学改革的需要和市场经济对人才培养的要求出发，从体系结构及内容的安排上进行了科学规划和调整，精简基本放大电路的内容，增加集成运算放大电路应用、集成数字电路应用以及 CPLD/FPGA 的内容。教材内容的更新体现了电工学教材要与国际接轨、要面向世界的办学指导思想。本教材内容丰富，安排合理，可以帮助读者深入地理解和更好地掌握教材中有关电子技术的基本概念、分析方法和设计方法，也有利于读者自学。

　　本教材是依据教育部电子信息科学与电气信息类基础课程教学指导分委员会指定的电工学课程的基本要求，结合高等院校本科学生的实际情况而编写。在编写过程中，我们把内容的重点放在培养学生的分析问题能力、解决问题能力和创新能力上，对于基本概念、基本理论、工作原理、分析方法等都做了必要的阐述和解释，并通过本教材还配套有数字资源，书中的重点难点、教学案例等内容，以知识点为单位，以实例及例题从理论和实际应用上加以说明，便于学生更好地理解和掌握所学理论。视频的形式通过二维码嵌入书中。读者可以通过手机扫描书中的二维码开展学习活动，做到纸质教材和数字资源的深度融合，为读者提供高效的线上线下学习服务。

　　全书共 8 章，内容包括：半导体器件、基本放大电路、集成运算放大器及其应用、门电路和组合逻辑电路、触发器和时序逻辑电路、CPLD/FPGA 基础、整流电路和直流稳压电源、晶闸管及其应用。参与本书编写工作的有肖军、刘晓志、吴春俐、孙静、闫爱云、杨楠、李丹、孟令军等，肖军任主编。此外，尚有许多老师及同学对本书提出了宝贵的、建设性的意见，在此谨表示感谢。同时对本书选用的参考文献的作者，我们表示衷心的感谢。

　　本书编者是长期在一线从事电工学课程教学的教师，在编写时力求文字通俗易懂，内容重点突出，基本概念清晰明了。但由于编者能力有限，书中难免出现不妥之处，恳请读者批评指正。

编　者

2021 年 5 月

目　　录

第 1 章　半导体器件

半导体器件是构成各种电子电路的核心元件，它由半导体材料制成。PN 结是构成各种半导体器件的基础单元。本章将首先简要介绍半导体的基本知识及 PN 结的单向导电特性，然后重点介绍常用的半导体分立器件——二极管、稳压管和晶体管，为学习后续各种电子电路打下良好的基础。

1.1　半导体的基本知识及 PN 结的单向导电性

1.1.1　半导体的基本知识

半导体的导电能力介于导体和绝缘体之间，常用的半导体材料有硅（Si）、锗（Ge）、砷化镓、一些硫化物或金属氧化物等。最常用的半导体是硅和锗，它们都是四价元素，原子最外层有四个电子，称为价电子。半导体器件所用的半导体要将硅和锗提纯成单晶体结构，因此，半导体有时也叫晶体。晶体的原子排列很整齐，每个原子与周围相邻的四个原子组成共价键结构，如图 1.1 所示。共价键结构中的电子受到两个原子核的吸引而被束缚。当受到外界热激发（如光照或受热）时，会使少量价电子获得足够能量而挣脱共价键的束缚成为自由电子，同时在原来的位置上留下一个空位，称为空穴，如图 1.2 所示。每有一个价电子变为自由电子，必然同时出现一个空穴，即自由电子和空穴总是成对出现的，称电子-空穴对。由于空穴是共价键失去电子后出现的，因此，空穴带正电。共价键中出现空穴后，可以吸引附近的价电子过来填补这个空穴。这时失去了价电子的邻近共价键中又出现空穴，它也可以再由其相邻价电子过来填充。如此不断递补空穴，就相当于空穴在移动，即正电荷在移动。因此，在外电场作用下，半导体中的电流是自由电子和空穴两种载流子定向移动形成的，即电子与空穴同时参与导电，这就是半导体与金属导体在导电机理上的本质区别。

图 1.1　单晶硅的原子结构示意图

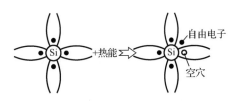

图 1.2　热激发产生的电子-空穴对

半导体的导电能力在不同的条件下有很大的差别。温度对半导体的导电性能影响很大。在常温下载流子数量很少，所以导电能力很微弱。当受到光照或外部加热使其温度升高时，电子-空穴对数量增多，半导体的导电能力会增强，利用这种光敏特性或热敏特性可以做成各种光敏元件或热敏元件。而在纯净半导体中掺入少量的某种杂质后，称为杂质半导体，它的导电能力将大大增强。

如果在硅（或锗）晶体内掺入少量五价元素磷，磷有五个价电子，与相邻硅原子组成共价键后，会多余一个电子，该电子很容易挣脱磷原子核的束缚而成为自由电子，如图 1.3 所示。于是自由电子数目大量增加，自由电子导电成为这种半导体的主要导电方式，因此称为电子型半导体或 N 型半导体。在 N 型半导体中，由于自由电子数量远大于空穴数量，因此，自由电子是多数载流子，空穴是少数载流子。在 N 型半导体中，由于磷原子是施放电子的，故称磷为施主原子，其结构如图 1.4 所示。

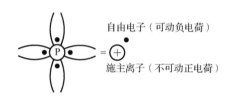

图 1.3　N 型半导体的晶体结构　　　　　　图 1.4　N 型半导体中的施主原子

如果硅（或锗）晶体内掺入少量三价元素硼，硼有三个价电子，与相邻硅原子组成共价键结构时，因缺少一个价电子而出现空穴，如图 1.5 所示。于是空穴数量大大增加，空穴导电成为这种半导体的主要导电方式，因此称为空穴型半导体或 P 型半导体。在 P 型半导体中，空穴是多数载流子，自由电子是少数载流子。在 P 型半导体中，由于硼原子是接受电子的，故称硼为受主原子，其结构如图 1.6 所示。

图 1.5　P 型半导体的晶体结构　　　　　　图 1.6　P 型半导体中的受主原子

应当指出，无论是 N 型半导体还是 P 型半导体，虽然它们都有一种载流子占多数，但整个晶体仍然是电中性的。

1.1.2　PN 结及其单向导电性

PN 结及其
单向导电性

　　通过采用一定的掺杂工艺，在一块半导体基片两边分别制成 P 型半导体和 N 型半导体。N 型半导体多数载流子为自由电子，少数载流子为空穴，而 P 型半导体多数载流子为空穴，少数载流子为自由电子。由于多数载流子浓度的差异会产生扩散运动。空穴要从浓度高的 P 区向 N 区扩散，而电子从浓度高的 N 区向 P 区扩散，如图 1.7（a）所示。扩散的结果使 P 区和 N 区的交界面分别留下了不能移动的受主负离子和施主正离子，如图 1.7（b）所示。所以在交界面的两侧形成了一个很薄的空间电荷区，这个空间电荷区就是 PN 结。正、负离子在空间电荷区形成一个内电场，其方向是从带正电的 N 区指向带负电的 P 区。内电场会阻碍多数载流子的进一步扩散，但对少数载流子越过空间电荷区进入对方区域起着推动作用。这种少数载流子的运动称为漂移，漂移运动与扩散运动相反。在一定条件下，扩散和漂移达到动态平衡，便形成稳定的 PN 结。

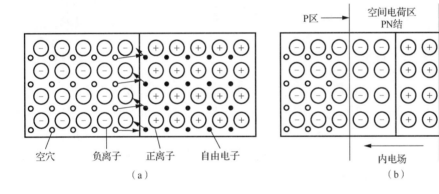

空穴　　负离子　　正离子　　自由电子

（a）

P区→　空间电荷区 PN结　←N区

内电场

（b）

图 1.7　PN 结的形成

　　PN 结两边带有正、负电荷，这与极板带电时的电容器类似，称为 PN 结的结电容。结电容数值较小，只有几个皮法，工作频率不高时，容抗很大，可视为开路。

　　当 PN 结加正向电压（称正向偏置）时，即 P 区接高电位、N 区接低电位，如图 1.8（a）所示。外电场与内电场方向相反，从而削弱了内电场，于是空间电荷区变薄，多数载流子的扩散加强，形成较大的正向扩散电流 I_F。此时的电阻称为正向电阻，它的数值比较小，PN 结处于导通状态。

　　当 PN 结加反向电压（称反向偏置）时，即 N 区接高电位、P 区接低电位，如图 1.8（b）所示。外电场与内电场方向相同，从而增强了内电场，于是空间电荷区变厚，少数载流子的漂移运动加强，形成反向漂移电流。由于少数载流子数量很少，所以反向电流 I_R 很小，PN 结呈现很高的反向电阻，PN 结处于截止状态。温度一定时，少数载流子数量基本不变，因而在一定的反向电压范围内，反向电流基本不变，又称为反向饱和电流。

　　综上所述，当 PN 结外加正向电压时，正向电流较大，PN 结导通，呈现低电阻；当 PN 结外加反向电压时，反向电流很小，PN 结截止，呈现高电阻。因此，PN 结具有单方向导电特性，简称单向导电性。PN 结是构成二极管、稳压管、晶体管等各种半导体器件的基础单元。

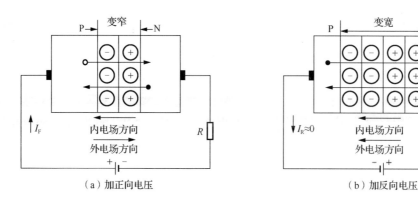

（a）加正向电压　　　　　　　　　　　　（b）加反向电压

图 1.8　PN 结外加电压时的导电情况

1.2　半导体二极管

半导体二极管

1.2.1　二极管的符号和种类

在 PN 结两侧加上电极引线并用管壳封装，就构成了半导体二极管。由 P 区一侧引出的电极称为阳极（正极），由 N 区一侧引出的电极称为阴极（负极），有两个电极，所以简称二极管（diode）。二极管的图形符号如图 1.9 所示，符号中的三角箭头可理解为二极管导通时正向电流的流向，即由阳极指向阴极。

二极管种类有很多。按所用半导体的材料分类，二极管主要有硅管和锗管。按内部结构不同，二极管分为点接触型、面接触型和平面型三种，它们的结构示意图如图 1.10（a）、图 1.10（b）、图 1.10（c）所示。点接触型二极管的特点是 PN 结的结面积小，因而结电容小，适于高频工作（可达几百兆赫），

图 1.9　二极管的图形符号

但只允许通过较小的正向电流（几十毫安以下），也不能承受较高的反向电压，主要用于高频检波、数字电路或小功率整流电路。面接触型二极管的特点是 PN 结的结面积大，因而结电容大，适于低频工作，可通过较大的正向电流（几安、几十安甚至几百安），主要用于低频整流电路。平面型二极管的特点是结面积较大时，能通过较大的电流，适用于大功率整流电路；结面积较小时，结电容较小，工作频率较高，适用于开关电路。

按封装材质分类，二极管可分为塑料封装、金属封装和玻璃封装等，大功率二极管多采用金属封装。二极管有直插式和贴片式两种封装形式。按照用途的不同，二极管又分为整流管、稳压管、发光管、检波管、光电管、开关管等。图 1.11 是几种常见的二极管实物图。

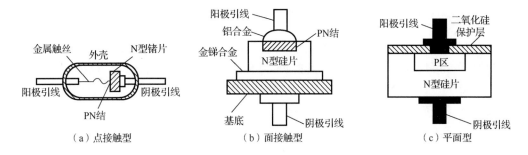

图 1.10 几种常见结构的二极管

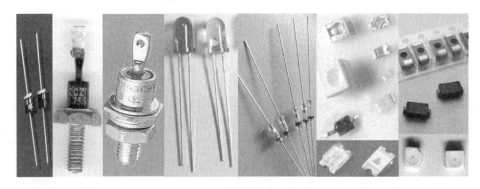

图 1.11 常见二极管的实物图

1.2.2 二极管的伏安特性

二极管两端所加电压与流过二极管电流之间的关系称为二极管的伏安特性,二极管的核心就是一个 PN 结,所以二极管也具有单向导电特性。图 1.12 给出了 2CP33B 型硅二极管的伏安特性曲线,分为正向特性和反向特性两部分。

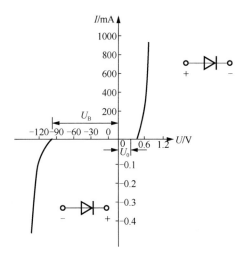

图 1.12 2CP33B 型硅二极管伏安特性曲线

1. 正向特性（阳极接高电位+、阴极接低电位-）

当外加正向电压低于某一电压值 U_0 时，二极管正向电流几乎为零，呈现较大的电阻。这是由于所加外电场还不足以克服 PN 结内电场对多数载流子扩散所造成的阻力，这个区域称为死区，相应的电压值 U_0 称为死区电压，其大小和二极管的材料及环境温度有关。通常，硅管的死区电压约为 0.5V，锗管约为 0.1V。当温度升高时，二极管的死区电压将减小。

当外加正向电压大于死区电压时，内电场被大大削弱，正向电流迅速增加，二极管处于正向导通状态。导通时二极管正向压降：硅管为 0.6～0.7V，锗管为 0.2～0.3V。

2. 反向特性（阳极接低电位-、阴极接高电位+）

当二极管外加反向电压低于某一电压值 U_B 时，少数载流子的漂移运动形成很小的反向饱和电流，其值近似为零。当所加反向电压增大到电压值 U_B 时，反向电流突然急剧增大，这种现象称为反向击穿。此时对应的电压值 U_B 称为反向击穿电压。普通二极管被击穿后，一般不能恢复原有性能，将失去单向导电性，造成永久性损坏。

在实际应用中，如果二极管的正向压降忽略不计，则称之为理想二极管。当外加正向电压时，二极管导通，正向电阻为零，二极管相当于短路；当外加反向电压时，二极管截止，反向电阻为无穷大，二极管相当于开路。因此，理想二极管具有开关特性。

1.2.3　二极管的主要参数

二极管的参数反映二极管的工作性能，是设计电路时正确选择和合理使用二极管的依据，其主要参数如下。

1. 最大整流电流 I_{OM}

I_{OM} 是指二极管在长期使用时，允许流过二极管的最大正向平均电流。当电流超过该值时，会导致 PN 结过热而使二极管损坏。

2. 最大反向工作电压 U_{RM}

U_{RM} 是保证二极管不被击穿所允许施加的最大反向电压，一般规定为反向击穿电压 U_B 的一半或三分之二。

3. 最大反向电流 I_{RM}

I_{RM} 是指二极管加上最大反向工作电压 U_{RM} 时对应的反向电流。管子的反向电流越小，说明其单向导电性越好。小功率硅管的反向电流较小，一般在 1 微安到几十微安。锗管的反向电流可达数百微安。I_{RM} 对温度比较敏感，温度升高会使反向电流显著增加，使用时应该注意。

二极管是电子电路中最常用的半导体器件，应用很广泛，主要利用其单向导电特性，用于整流、限幅与削波、钳位与隔离、检波、元件保护以及在数字电路中用作开关等。

例 1.1 电路如图 1.13 所示，二极管正向压降为 0.7V，试判断二极管是导通还是截止，并求输出电压 U_o。

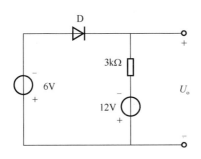

图 1.13 例 1.1 图

解： 判断二极管导通还是截止的方法是：将二极管断开，分析二极管阳极与阴极两端电位的高低，如果阳极与阴极的电位差（或正向电压）大于二极管的死区电压，则二极管导通，否则二极管截止。

取输出端下端作参考点，断开二极管 D，则阳极电位为-6V，阴极电位为-12V，所以二极管导通。考虑二极管 D 正向压降为 0.7V，即阳极指向阴极的电位差，所以输出电压为

$$U_o = -0.7 - 6 = -6.7\text{V}$$

例 1.2 电路如图 1.14（a）所示，二极管为理想二极管，已知输入电压 $u_i = 10\sin\omega t\,\text{V}$，恒压源 $U_s = 5\text{V}$，试画出输出电压 u_o 的波形。

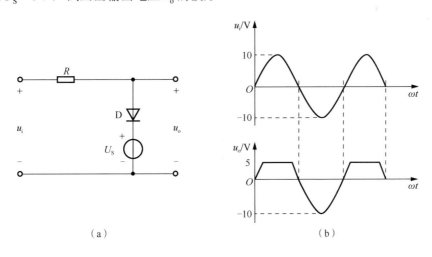

（a）   （b）

图 1.14 例 1.2 图

解： 对于理想二极管，只要阳极的电位高于阴极的电位，则二极管就导通，否则二极管截止。

由图 1.14（a）可以看出，当 $u_i > 5\text{V}$ 时，二极管 D 导通，管压降为零，相当于短路，

所以 $u_o = 5V$。当 $u_i \leqslant 5V$ 时，二极管 D 截止，相当于开关断开，电阻 R 中无电流，所以 $u_o = u_i$。输出电压 u_o 的波形如图 1.14（b）所示。由图可见，输出电压被限制在 5V 以内，削掉了 5V 以上的电压波形，这是一个简单的单向限幅（或削波）电路。

图 1.15 是一个双向限幅电路。限制正负半周的输出电压幅值不能超过 5V，即正负半周超过 5V 的电压波形都被削掉。

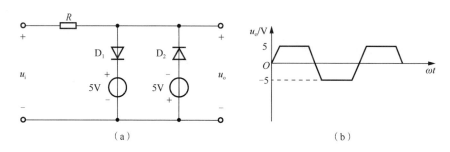

图 1.15　双向限幅电路及其输出电压波形

1.3　稳压二极管

稳压二极管

稳压二极管是一种特殊的二极管，它是用特殊工艺制造的面接触型半导体硅二极管，具有稳定电压的作用，简称稳压管。图 1.16 是稳压管的电路符号和伏安特性曲线。

图 1.16　稳压管的电路符号和伏安特性曲线

1.3.1　稳压管的伏安特性

稳压二极管的伏安特性和普通二极管的伏安特性类似，主要区别是它的反向击穿特性曲线更陡峭。由图 1.16（b）可以看出，当反向电压在一定范围内变化时，反向电流很小；当反向电压增高到击穿电压 U_Z 时，反向电流突然急剧增加，稳压管被反向击穿。此时虽然电流变化范围较大，但稳压管两端的电压变化却很小。稳压管正是利用这一特性，在电路中实现稳压作用。反向击穿电压 U_Z 就是它的稳压值，稳压管正常使用时要加反向电压。与普通二极管不同，稳压管的反向击穿是可逆的，只要流过它的反向电流不超过某一允许值 I_{ZM}，稳压管就不会损坏。但如果反向电流超过了这一允许值 I_{ZM}，稳压管会因为电流过大而发热烧坏（称热击穿）。因此，稳压管使用时必须串联一个适当阻值的限流电阻后再接入电路中，从而起到正常稳压作用。

1.3.2　稳压管的主要参数

1. 稳定电压 U_Z

稳定电压 U_Z 是稳压管的反向击穿电压，即稳压管的稳压值。通常手册中给出的都是在一定电流及温度等条件下的数值。由于制造工艺上的分散性，即使同一型号的管子，其稳压值也不一定相同，例如 2DW7C 硅稳压管，$U_Z = 6.1 \sim 6.5\text{V}$。

2. 稳定电流 I_Z 和最大稳定电流 I_{ZM}

稳定电流 I_Z 是指工作电压等于稳定电压时的反向电流，是一个参考数值。最大稳定电流 I_{ZM} 是稳压管允许通过的最大反向电流。稳压管的工作电流不能超过 I_{ZM}。当反向电流超过最大稳定电流 I_{ZM} 时，稳压管将过热而被烧坏。所以当流过稳压管的电流 I_{DZ} 满足 $I_Z < I_{DZ} \leqslant I_{ZM}$ 时，稳压管才能正常稳压工作。

3. 最大耗散功率 P_{ZM}

最大耗散功率 P_{ZM} 是指稳压管不发生热击穿时的最大耗散功率。

$$P_{ZM} = U_Z \cdot I_{ZM}$$

4. 动态电阻 r_z

动态电阻 r_z 是指稳压管在反向击穿区稳定工作时，两端电压变化量与其相应的电流变化量的比值，即 $r_z = \dfrac{\Delta U_Z}{\Delta I_Z}$。动态电阻 r_z 值越小，说明其稳压性能越好。

5. 电压温度系数 α

电压温度系数 α 是指温度每增加 $1°C$，稳压值的相对变化量，用以表示稳压值受温度影响的程度。通常稳压值低于 6V 的稳压管，具有负温度系数；高于 6V 具有正温度系数；6V 左右温度系数最小。

例 1.3　稳压管的简单稳压电路如图 1.17 所示，已知输入电压 U_i=25V，限流电阻 R=0.6kΩ，负载电阻 R_L=1kΩ，稳压管的稳定电压 U_Z=10V，稳定电流 I_Z =5mA，最大稳定电流 I_{ZM} =20mA。试求：（1）电压 U_o 及电流 I_o、I_R、I_{DZ}；（2）如果负载开路，稳压管能否正常工作？

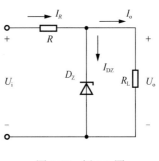

图 1.17　例 1.3 图

解：（1）
$$U_o = U_Z = 10\text{V}$$
$$I_o = \frac{U_o}{R_L} = 10\text{mA}$$
$$I_R = \frac{U_i - U_o}{R} = 25\text{mA}$$
$$I_{DZ} = I_R - I_o = 15\text{mA}$$

（2）如果负载开路，则 $I_o = 0$，$I_{DZ} = I_R = 25\text{mA}$，而稳压管的最大稳定电流 $I_{ZM} = 20\text{mA}$，因为 $I_{DZ} > I_{ZM}$，所以稳压管不能正常工作。

1.4　发光二极管与光电二极管

发光二极管与光电二极管都是一种特殊的二极管，能够实现电信号与光信号之间的互相转换，前者是电转换成光，后者是光转换成电。它们在实际电子电路中应用比较广泛，如各种显示电路、光控电路、光电传感器、光电耦合器等，下面分别简要介绍。

1. 发光二极管

发光二极管（light-emitting diode，LED）是一种能将电能转换为光能的特殊二极管。它通常是由砷化镓、磷化镓等化合物半导体制成。发光二极管的符号及基本电路如图 1.18 所示。它的基本结构也是一个 PN 结，但正向导通电压比普通二极管高，伏安特性与普通二极管类似。当外加正向电压并通过正向电流时会发光，这是由于空穴与电子直接复合而释放能量，发出一定波长的可见光，发光颜色与所用的半导体材料有关，常见的颜色有红、黄、绿等。发光二极管的死区电压比普通二极管高，正向电压为 1.5～3.0V，正向工作电流一般为几毫安到几十毫安。使用时要加限流电阻，保证工作电流在规定的范围内。发光二极管常用作显示器件，目前广泛应用于各种电子产品的指示灯、光纤通信用光源、七段数码管或矩阵式大屏幕显示器以及各种 LED 照明等。

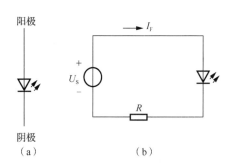

图 1.18　发光二极管的符号和基本电路

2. 光电二极管

光电二极管是一种能将光信号转换成电信号的特殊二极管，又称光敏二极管。其基本结构也是一个 PN 结，在管壳上装有一个嵌着玻璃的窗口，以便接受光线照入。光电二极管的符号及基本电路如图 1.19 所示，与发光二极管不同的是，光电二极管工作时要加反向电压。无光照时，电路中有微小的反向电流（称暗电流），当有光照时，其反向电流会随着光照强度的增加而增大。反向电流通过外接电阻 R_L 后，就有输出电压的变化，进而实现了光信号到电信号的转换。光电二极管广泛应用于光电控制或测量、自动报警以及光电传感器中。

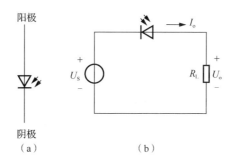

图 1.19　光电二极管的符号和基本电路

1.5　双极型晶体管

半导体晶体管分为双极型晶体管和场效应晶体管。因为双极型晶体管内部由两个 PN 结构成，在工作过程中电子和空穴两种载流子都参与导电，故称双极型晶体管，以区别于只有一种载流子导电的单极型场效应晶体管。双极型晶体管比场效应晶体管的应用早很多，习惯上把双极型晶体管简称为晶体管或三极管。它是构成许多电子电路的重要元件，应用比较广泛，最主要的功能是电流放大作用和开关作用。本节将重点讨论双极型晶体管的基本结构、电流放大作用、特性曲线和主要参数。

1.5.1　晶体管的基本结构

用扩散法或合金法等制造工艺在一块半导体晶片上制成三层交替掺杂的不同半导体区域，形成 N-P-N 或 P-N-P 三层结构。因此，晶体管按照使用的半导体材料可分为硅管或锗管；按导电类型可分为 NPN 型和 PNP 型两类，其结构示意图及图形符号如图 1.20 所示。

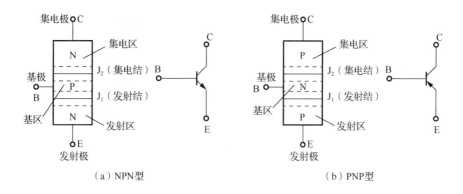

图 1.20　晶体管的结构示意图及图形符号

由图 1.20 可见，晶体管具有三个不同的掺杂区域，分别为基区、发射区、集电区，并分别引出三个电极，称为基极 B（base）、发射极 E（emitter）和集电极 C（collector），因此称为三极管。晶体管具有两个 PN 结，发射区与基区之间的 PN 结 J_1 是发射结，集电区与基区之间的 PN 结 J_2 是集电结。NPN 型和 PNP 型的符号差别在于发射极的箭头方向，该箭头表示发射结正向偏置时发射极电流的方向。晶体管按功率可分为小功率管（<0.5W）、中功率管和大功率管（>1W）；按工作频率可分为低频管（<3MHz）和高频管（>3MHz）；按功能又分为开关管、功率管、光敏管等。晶体管大多采用塑料封装或金属封装。图 1.21 是几种常见封装的三极管实物图。

图 1.21　几种常见封装的三极管实物图

为了保证晶体管具有电流放大作用，在制造工艺上将基区做得很薄，只有几微米到几十微米，而且掺杂浓度最低。发射区掺杂浓度最高，以便有足够多的载流子发射。集电区比发射区掺杂浓度低且面积大，以便收集发射区发射来的载流子。这些结构特点是它具有电流放大作用的内在条件。

目前国产的硅管多为 NPN 型，锗管多为 PNP 型，但它们的工作原理相似，只是在使用时电源极性连接不同而已。下面以 NPN 型晶体管为例分析其电流放大作用。

1.5.2　晶体管的电流放大作用

晶体管具有电流放大作用的外部条件是发射结正向偏置，集电结反向偏置。为了了解晶体管的电流放大作用，我们来做一个实验。图 1.22 是晶体管的电流放大实验电路图，晶体管型号为 3DG100（NPN 型）。图中包括输入和输出两个回路，发射极是输入回路和输出回路的公共端，称为共发射极放大电路。

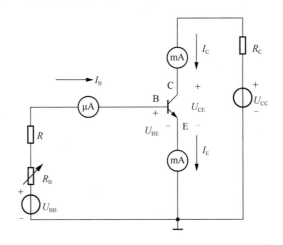

图 1.22　晶体管的电流放大实验电路

注意基极电源 U_{BB} 和集电极电源 U_{CC} 的极性和大小。要保证发射结正向偏置，即基极与发射极的电位关系是 $U_B > U_E$，同时还要保证集电结反向偏置，即基极与集电极的电位关系是 $U_C > U_B$。所以，处于放大状态下的 NPN 型晶体管，各电极电位的特点是 $U_C > U_B > U_E$，集电极电位最高。若将图 1.22 中的晶体管换成 PNP 型，则电源 U_{BB} 和 U_{CC} 的极性要颠倒过来。处于放大状态下的 PNP 型晶体管，各电极电位的特点是 $U_E > U_B > U_C$，发射极电位最高。

在图 1.22 实验电路中，通过改变基极电阻 R_B，可以改变基极电流 I_B、集电极电流 I_C 和发射极电流 I_E，所测得的结果如表 1.1 所示。

表 1.1　晶体管的电流实验数据

I_B/mA	I_C/mA	I_E/mA
−0.001	0.001	0
0	0.01	0.01
0.02	0.70	0.72
0.04	1.50	1.54
0.06	2.30	2.36
0.08	3.10	3.18
0.10	3.95	4.05

由表 1.1 的电流实验数据可得出如下结论。

（1）观察每一行数据，可得出

$$I_E = I_B + I_C \tag{1.1}$$

该式表明晶体管各极电流分配符合基尔霍夫电流定律。

（2）从第三行往后的数据均表明，$I_C \approx I_E$，并且比 I_B 大很多，即 $I_C \gg I_B$。还可以看出，晶体管基极电流的微小变化量 ΔI_B，会引起集电极电流较大的变化量 ΔI_C，即 $\Delta I_C \gg \Delta I_B$。这就是晶体管的电流放大作用。$I_C$ 与 I_B 的比值用 $\bar{\beta}$ 表示，称为静态电流（直流）放大系数；ΔI_C 与 ΔI_B 的比值用 β 表示，称为动态电流（交流）放大系数，它们是晶体管的一个主要参数，反映了晶体管的电流放大能力。

由表 1.1 中第四行和第五行的数据，可计算直流放大系数分别为

$$\bar{\beta} = \frac{I_C}{I_B} = \frac{1.50}{0.04} = 37.5, \quad \bar{\beta} = \frac{I_C}{I_B} = \frac{2.30}{0.06} \approx 38.33$$

比较第三行和第五行的数据、第四行和第六行的数据，可得到交流放大系数分别为

$$\beta = \frac{\Delta I_C}{\Delta I_B} = \frac{2.30 - 0.70}{0.06 - 0.02} = 40, \quad \beta = \frac{\Delta I_C}{\Delta I_B} = \frac{3.10 - 1.50}{0.08 - 0.04} = 40$$

可见，尽管 $\bar{\beta}$ 和 β 的含义是不同的，但它们的数值很接近，一般近似认为 $\bar{\beta} \approx \beta$。

（3）第一行数据 $I_E = 0$ 是发射极开路时的情况，$I_C = I_{CBO}$ 称为集电极-基极之间的反向饱和电流。此时集电结处于反向偏置，实质上它就是集电结的反向漂移电流，它受温度影响较大。常温下硅管的 $I_{CBO} \leqslant 1\mu A$，常可忽略不计。

（4）第二行数据 $I_B = 0$ 是基极开路时的情况，$I_C = I_{CEO}$ 称为集电极-发射极之间的穿透电流。温度升高，此电流会增大，也是希望它越小越好。

1.5.3　晶体管的特性曲线

晶体管各电极间电压和电极电流的对应关系曲线（伏安特性）能直观地描述晶体管的外部特性，反映晶体管的工作性能，也是正确使用晶体管的依据。最常用的是共发射极接法的输入特性曲线和输出特性曲线，测试电路如图 1.23 所示。

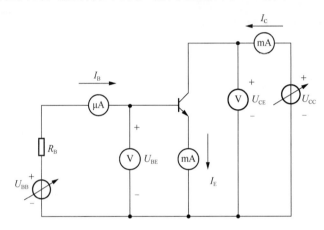

图 1.23　晶体管特性曲线测试电路

1. 输入特性曲线

输入特性曲线是指集-射极之间的电压 U_{CE} 为常数时，输入回路中基极电流 I_B 与基-射极间的电压 U_{BE} 之间的关系曲线，即

$$I_B = f(U_{BE})\big|_{U_{CE}=常数} \qquad (1.2)$$

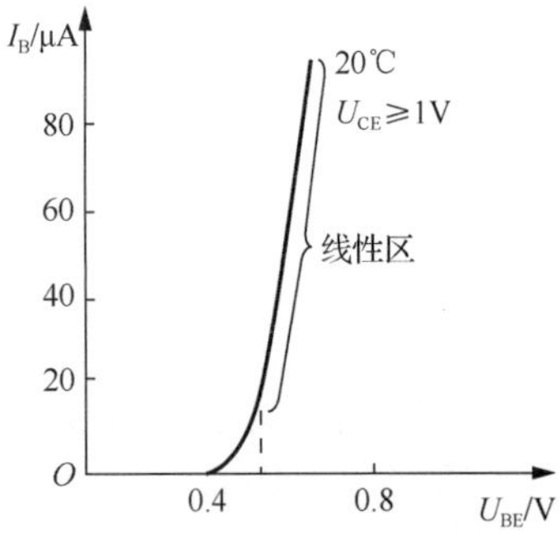

测试结果如图 1.24 所示。由输入特性曲线可见，与二极管的正向伏安特性相似，晶体管的输入特性也有一段死区，只有在发射结外加电压大于死区电压时，才会有基极电流 I_B。通常硅管死区电压约 0.5V，锗管死区电压约 0.1V。晶体管在正常工作时，发射结正向压降 U_{BE} 变化范围很小，NPN 型硅管的发射结正向压降 U_{BE} 为 0.6～0.7V，PNP 型锗管的发射结压降 U_{BE} 为-0.3～-0.2V。

对硅管而言，当 $U_{CE} \geqslant 1V$ 时，集电结已处于反向偏置，再增大 U_{CE}，只要 U_{BE} 保持不变，I_B 也就基本不变。因此，$U_{CE} \geqslant 1V$ 后的输入特性曲线基本重合，通常只画出 $U_{CE} \geqslant 1V$ 的一条输入特性曲线。

图 1.24　晶体管的输入特性曲线

2. 输出特性曲线

输出特性曲线是指晶体管基极电流 I_B 为常数时，输出回路中集电极电流 I_C 与集-

射极间的电压 U_{CE} 之间的关系曲线，即

$$I_C = f(U_{CE})\big|_{I_B=常数} \tag{1.3}$$

测试结果如图 1.25 所示。对于每一个确定的基极电流 I_B 都有一条输出特性曲线，因此，取不同的 I_B，则可以得到一簇不同的输出特性曲线。

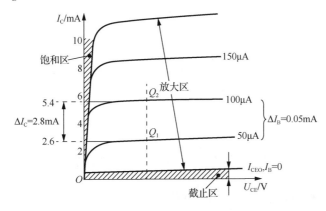

图 1.25　晶体管的输出特性曲线

图 1.25 表明，当 I_B 一定，U_{CE} 从零开始逐渐增大时，I_C 也逐渐增大，而当 U_{CE} 超过一定数值（约 1V）以后，再继续增加 U_{CE}，I_C 也不再有明显增加，具有恒流特性。而当 I_B 增大时，I_C 也相应成比例增大，即 $I_C = \bar{\beta} I_B$，这就是晶体管的电流放大作用。

通常把晶体管的输出特性曲线分为三个工作区，即对应晶体管的三种工作状态：

（1）放大区。当发射结处于正向偏置（大于死区电压）、集电结处于反向偏置时，晶体管就工作在放大状态。输出特性曲线中近似水平略上翘的平行线族区域即为放大区（也称为线性区）。在放大区内，$I_C = \bar{\beta} I_B$，且 $\Delta I_C = \beta \Delta I_B$，晶体管具有电流放大作用。晶体管工作在放大状态下，利用 I_B 对 I_C 的控制作用，被广泛应用于模拟电子电路中。

（2）截止区。输出特性曲线中 I_B =0 以下（靠近横轴）的区域称为截止区。

当 I_B =0 时，$I_C = I_{CEO} \approx 0$，晶体管处于截止状态。对于 NPN 型硅管，$U_{BE} < 0.5V$ 就进入截止状态，为使管子可靠截止，常使 $U_{BE} \leqslant 0$，即发射结处于反向偏置。

晶体管截止时，$I_C \approx 0$，即 C、E 之间相当于断路，集电极与发射极之间类似一个开关的断开状态。

（3）饱和区。输出特性曲线中 U_{CE} 比较小（靠近纵轴）的区域称为饱和区。对于 NPN 型晶体管，当 $U_{CE} < U_{BE}$ 时，晶体管的发射结正偏，集电结也处于正偏，它处于饱和状态。饱和时 U_{CE} 很小，所有不同的 I_B 值上升特性曲线几乎都是重合的。当 U_{CE} 一定时，随着 I_B 增加，I_C 基本不变。饱和时的管压降称为饱和压降，用 U_{CES} 表示，小功率硅管 U_{CES} =0.3V，锗管 U_{CES} =0.1V。

晶体管饱和时，$U_{CES} \approx 0$，即 C、E 之间相当于短路，集电极与发射极之间类似一个开关的接通状态。

晶体管工作在截止或饱和状态下，利用它的开关特性，晶体管被广泛应用于数字电子电路中。

综上所述，晶体管的主要功能不仅有电流放大作用，还有开关作用。

例 1.4 已知晶体管的输出特性曲线如图 1.25 所示，试求电流放大倍数 β。

解：由输出特性曲线可知，当 I_B 从 50μA 变到 100μA，即基极电流变化 0.05mA，对应 I_C 从 2.6mA 变到 5.4mA，即集电极电流变化 2.8mA，则该晶体管的电流放大系数为

$$\beta = \frac{\Delta I_C}{\Delta I_B} = \frac{2.8}{0.05} = 56$$

例 1.5 已知工作在放大状态的晶体管各电极对地电位分别为 3.2V、2.5V、9.3V。试判别管子的三个电极、管子的类型，并说明是硅管还是锗管？

解：判断的方法是根据处于放大状态的晶体管各电极电位以及发射结压降的特点：

对于 NPN 型晶体管，电位 $U_C > U_B > U_E$，集电极电位最高；PNP 型晶体管，电位 $U_E > U_B > U_C$，发射极电位最高。硅管的发射结压降 U_{BE} 大小为 0.6～0.7V，锗管的发射结压降 U_{BE} 大小为 0.2～0.3V。

由此可见，基极电位的大小居于中间位置，所以对应 3.2V 一极为基极。由 3.2-2.5=0.7V，可判断对应 2.5V 一极为发射极，且此管为硅管。这样对应 9.3V 一极为集电极。由于集电极电位最高，所以此管为 NPN 型。

另外，也可以由 3.2-2.5=0.7V，首先判断出 9.6V 一极为集电极，并且为硅管。然后再根据电位的高低特点判断管子的类型以及对应的基极和发射极。

例 1.6 已知各晶体管的三个电极对地电位如图 1.26 所示，其中 NPN 型为硅管，PNP 型为锗管，试判断各晶体管的工作状态。

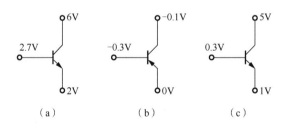

$$（a）\qquad\qquad（b）\qquad\qquad（c）$$

图 1.26　例 1.6 图

解：判断晶体管工作状态的方法是根据晶体管的两个 PN 结的偏置状况：

若发射结反向偏置或发射结正向偏置电压小于死区电压，则处于截止状态；若发射结正向偏置，集电结反向偏置，则处于放大状态；若发射结和集电结均处于正向偏置，则处于饱和状态。

图 1.26（a）是 NPN 型硅管，$U_{BE} = 0.7V$，发射结正偏；$U_{BC} = -3.3V$，集电结反偏，所以该管工作在放大状态。图 1.26（b）是 PNP 型锗管，$U_{EB} = 0.3V$，发射结正偏；$U_{CB} = 0.2V$，集电结也正偏，所以该管工作在饱和状态。图 1.26（c）是 NPN 型硅管，$U_{BE} = -0.7V$，发射结反偏，所以该管工作在截止状态。

1.5.4　晶体管的主要参数

晶体管的参数是反映它工作性能的一些数据，也是选用晶体管及设计电路的重要依据。主要参数如下。

1. 电流放大系数 $\overline{\beta}(h_{FE})$ 和 $\beta(h_{fe})$

当晶体管接成共发射极电路，在静态时（无输入信号），晶体管集电极电流 I_C 与基极电流 I_B 的比值称为共发射极直流电流放大系数，即

$$\overline{\beta} = \frac{I_C}{I_B} \tag{1.4}$$

在动态时（有信号输入），晶体管基极电流的变化量 ΔI_B，它引起集电极电流的变化量 ΔI_C。ΔI_C 与 ΔI_B 的比值称为交流电流放大系数，即

$$\beta = \frac{\Delta I_C}{\Delta I_B} \tag{1.5}$$

当输出特性曲线接近平行等矩的情况下（图 1.25），$\overline{\beta}$ 和 β 是很接近的。故在电路的分析估算时，近似认为 $\overline{\beta} \approx \beta$。常用晶体管的 β 值通常在 20～200。

2. 集-基极反向饱和电流 I_{CBO}

I_{CBO} 是指发射极开路时 $I_E=0$，集电结加反向电压时流过集-基极的反向电流，它受温度影响较大。I_{CBO} 越小越好。在室温下，小功率硅管的 I_{CBO} 在 1μA 以下，锗管约为几微安到几十微安。所以硅管在温度稳定性方面优于锗管。

3. 集-射极穿透电流 I_{CEO}

I_{CEO} 是指当基极开路时 $I_B = 0$，在集-射极电压 $U_{CE}(U_{CC})$ 的作用下，从集电极流向发射极的电流，称为穿透电流 I_{CEO}。

一般 $I_{CEO} = (1+\beta)I_{CBO}$。在常温下 I_{CBO} 很小，可忽略不计。但 I_{CBO} 随温度升高明显增大，故在温度变化大的场合，应尽量选用 I_{CBO} 小的管子，且 β 不易过大，以减少对 I_{CEO} 的影响。

4. 集电极最大允许电流 I_{CM}

当晶体管集电极电流 I_C 超过一定值时，其 β 值就要下降，β 值下降到额定值的 2/3 时的集电极电流称为 I_{CM}。当 $I_C = I_{CM}$ 时，晶体管不一定会损坏，但 β 值显著减小。

5. 集-射极击穿电压 $U_{CEO(BR)}$

集-射极击穿电压 $U_{CEO(BR)}$ 是指基极开路时 $I_B = 0$，加在集-射极之间的最大允许电压，当 $U_{CE} > U_{CEO(BR)}$ 时，晶体管将被击穿损坏。

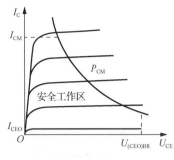

图 1.27　晶体管的安全工作区

6. 集电极最大允许耗散功率 P_{CM}

当集电极电流流经集电结时，要产生功率损耗，使结温升高，从而会引起晶体管参数变化。P_{CM} 是指晶体管参数变化不超过规定值时，所允许的最大功率损耗。

由于 I_C、U_{CE} 和 $P_{CM} = U_{CE} \cdot I_C$，在晶体管输出特性曲线上可以画出集电极功率耗散曲线，如图 1.27 所示。曲线的左下方为安全工作区，即 $P_C < P_{CM}$。

以上所讨论的几个参数，其中，β、I_{CBO} 和 I_{CEO} 是一般参数，是表明晶体管优劣的主要指标；I_C、U_{CE} 和 P_{CM} 都是极限参数，用来说明晶体管的使用限制，只有当电流 I_C、电压 U_{CE} 和功率 P_C 同时都小于对应的极限参数时，晶体管才能安全工作。

1.6　绝缘栅场效应晶体管简介

场效应晶体管是利用外加电压产生的电场效应来控制其输出电流的一种半导体器件。由于仅有一种载流子（电子或空穴）参与导电，所以是一种单极型晶体管，简称场效应管。它具有体积小、重量轻、耗电少、输入电阻高、噪声低、热稳定性强、便于集成等特点，在各种电子电路中得到了广泛的应用。

场效应管根据结构不同分为结型场效应管和绝缘栅型场效应管两类。绝缘栅场效应管按其导电类型的不同，分为 N 沟道和 P 沟道两类，每类又有增强型和耗尽型两种。下面只简要介绍 N 沟道耗尽型绝缘栅场效应管的结构及工作原理。图 1.28 是 N 沟道绝缘栅场效应管结构示意图及图形符号。

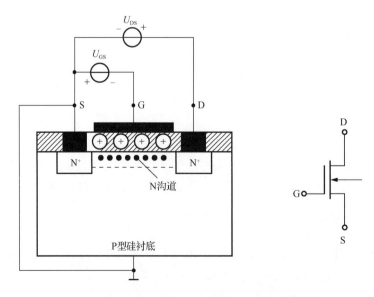

图 1.28　N 沟道绝缘栅场效应管结构示意图及图形符号

在一块掺杂浓度较低的 P 型半导体基片上，扩散两个相距很近的高掺杂浓度的 N⁺

区，再在硅片表面生成一薄层二氧化硅绝缘层，绝缘层上覆盖一薄层金属，然后从二氧化硅表面的金属层引出栅极 G，从两个 N⁺区分别引出源极 S 和漏极 D。由于栅极和半导体本身绝缘，故称为绝缘栅场效应管，或称金属-氧化物-半导体（metal-oxide-semiconductor）场效应管，简称为 MOS 器件。MOS 场效应管的栅-源之间是绝缘的，因此其输入电阻很高，可高达 $10^{14}\Omega$。

制造管子时，在二氧化硅绝缘层中掺入了大量正离子，因此在两个 N⁺区之间的 P 型衬底表面形成足够强的电场，这个电场将会排斥 P 型衬底中的空穴，并把衬底中的电子吸引到表面，形成原始导电沟道。这种沟道的载流子为电子，故称为 N 沟道。在沟道以外，由于 D 与 S 之间相当于两个背靠背的 PN 结，因此是不导电的。

由于耗尽型场效应管存在原始导电沟道，在 U_{DS} 为常值时，当栅-源电压 $U_{GS}=0$，漏极与源极之间已可导通，此时流过的电流称为饱和漏极电流 I_{DSS}；当 $U_{GS}<0$，沟道内会感应出一些正电荷与电子复合，于是导电沟道变窄，I_D 减小，当 U_{GS} 达到一定负值时沟道内的电子被复合而耗尽，沟道被夹断，I_D 为零，此时的 U_{GS} 称为夹断电压，用 $U_{GS(off)}$ 表示；当 $U_{GS}>0$，沟道内感应出更多的电子，使沟道更宽，I_D 随 U_{GS} 增大而增大。

上述分析表明，绝缘栅场效应管的漏极电流是受栅极电压控制的，可见场效应管是电压控制元件。

图 1.29（a）和图 1.29（b）分别是 N 沟道耗尽型场效应管的转移特性和漏极特性曲线。

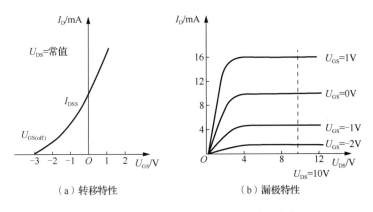

（a）转移特性　　　　　　　（b）漏极特性

图 1.29　N 沟道耗尽型场效应管的特性曲线

转移特性是指当漏-源电压 U_{DS} 一定时，漏极电流和栅-源电压 U_{GS} 的关系曲线，即

$$I_D = f\left(U_{GS}\right)\big|_{U_{DS}=常数}$$

在近似计算中，当 $U_{GS(off)}<U_{GS}<0$ 时，I_D 与 U_{GS} 的关系表示为

$$I_D = I_{DSS}\left(1 - \frac{U_{GS}}{U_{GS(off)}}\right)^2$$

应该指出，N 沟道耗尽型场效应管的 U_{GS} 可正、可负，也可为零，但一般是工作在负栅-源电压状态。

输出漏极特性是指在栅-源电压 U_{GS} 一定时，漏极电流与漏-源电压的关系曲线，即

$$I_D = f(U_{DS})\big|_{U_{GS}=常数}$$

显然，当 U_{GS} 为不同值时，可测绘出一簇输出漏极特性曲线。

习　　题

1.1　问答题：

（1）为什么二极管会出现死区电压？硅管和锗管的死区电压各为多少？

（2）如何判断二极管是否导通？硅管和锗管的正向导通压降各为多少？

（3）稳压管是如何实现稳压的？其工作特性与普通二极管有什么不同？

（4）在稳压管稳压电路中，如何判断电路能否正常工作？

（5）晶体管有哪三种工作状态？与其对应的发射结和集电结偏置状况如何？

1.2　填空题：

（1）稳压二极管正常稳压时，其工作电流 I_{DZ} 满足的条件是_____。

（2）处于放大状态 NPN 型晶体管，三个电极电位 U_B、U_C、U_E 之间的关系是_____。

（3）处于放大状态 PNP 型晶体管，三个电极电位 U_B、U_C、U_E 之间的关系是_____。

（4）在放大电路中测得某晶体管三个管脚对地的电位分别为 6V、5.3V、9V，则该晶体管的类型是_____，管子的材料是_____，对应 5.3V 的管脚为_____极。

（5）若 PNP 型锗晶体管各极之间的电压为 $U_{BE}=-0.3V, U_{CE}=-3.7V$，则该晶体管的工作状态为_____。

1.3　如图 1.30 所示，已知 $R = 3k\Omega, U_1 = 15V, U_2 = 12V$，二极管为理想二极管，试判别二极管是导通还是截止，并计算输出电压 U_o。

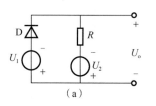
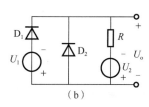
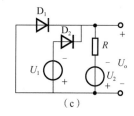

图 1.30　习题 1.3 图

1.4　如图 1.31 所示电路中二极管正向压降忽略不计，有三个输入端 A、B 和 C，输出端为 F。试分析下面三种情况下各二极管是导通还是截止，并求输出端电位 U_F。

（1）$U_A=3V, U_B=3V, U_C=0V$；（2）$U_A=3V, U_B=0V, U_C=0V$；（3）$U_A=3V, U_B=3V, U_C=3V$。

1.5　如图 1.32 所示电路，已知 $u_i = 10\sin\omega t\,V, U = 5V$，忽略二极管正向压降，试画出输出电压 u_o 的波形。

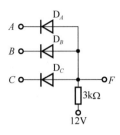

图 1.31 习题 1.4 图

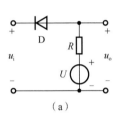 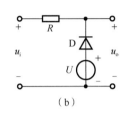 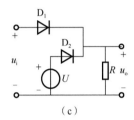

（a）　　　　　　　　　（b）　　　　　　　　　（c）

图 1.32 习题 1.5 图

1.6　如图 1.33（a）所示电路，二极管为硅管，正向压降 0.7V。已知输入电压 u_i 波形如图 1.33（b）所示，试画出输出电压 u_o 波形。

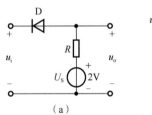 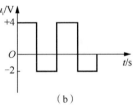

（a）　　　　　　　　　（b）

图 1.33 习题 1.6 图

1.7　如图 1.34（a）所示，已知稳压管稳定电压 U_Z=5V，输入电压 u_i 波形如图 1.34（b）所示，试画出输出电压 u_o 波形。稳压管正向压降可忽略不计。

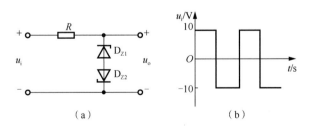

（a）　　　　　　　　　（b）

图 1.34 习题 1.7 图

1.8　如图 1.35 所示稳压电路，u_i=30V,R=1kΩ,R_L=2kΩ。稳压管稳定电压 U_Z=10V，稳定电流 I_Z=5mA，最大稳定电流 I_{ZM}=20mA。（1）求 i_o、i_R、i_{DZ}；（2）试分析当 u_i 波动 ±10%时，电路能否正常工作？

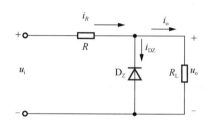

图 1.35　习题 1.8 图

1.9　已知工作在放大区的各晶体管三个管脚对地电位如图 1.36 所示，试判别各管的三个电极，并说明是硅管还是锗管，是 NPN 型还是 PNP 型？

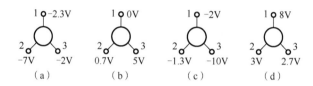

图 1.36　习题 1.9 图

1.10　在电路中测得各晶体管的三个电极对地电位如图 1.37 所示，其中，NPN 型为硅管，PNP 型为锗管，试分析判断各晶体管的工作状态。

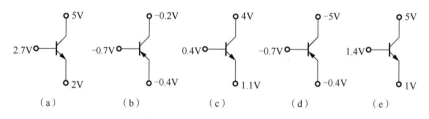

图 1.37　习题 1.10 图

第2章 基本放大电路

放大电路是模拟电子电路中最常用的一个基本单元。它能够通过晶体管的电流控制作用将微弱的电信号加以放大，以便对其观察、测量或驱动较大功率的负载。需要增强电信号的电子系统几乎都要用到放大电路，应用十分广泛。本章重点介绍由分立元件组成的常用基本放大电路的结构、工作原理、分析方法和主要性能参数计算。

2.1 放大电路的概念和主要性能指标

2.1.1 放大电路的概念

在实际生产、生活和科学实验中，常常需要把很微弱的信号进行放大，这些信号可能是电流、电压等电信号，也可能是声音、温度、压力等非电信号。非电信号可以通过传感器转变成电信号，然后输入给放大电路，经放大后能够获得一定大小的输出电压或输出功率，进而驱动终端负载。整个放大电路系统的组成包括三部分：信号源、放大电路和负载，如图2.1所示。例如扩音机放大电路系统，话筒就相当于信号源，扬声器（俗称喇叭）相当于负载。话筒把声音转换成各种幅值不同和频率不同的电信号，这个电信号很微弱，只有经过扩音机里的放大器将其放大成足够强的电信号才能推动扬声器发声。从等效电路模型的角度来看，信号源可看成是一个内阻为 R_S 的电压源；放大电路可等效为一个含有受控源的双端口网络；负载可等效成一个电阻 R_L。放大电路的工作原理如图2.2所示。

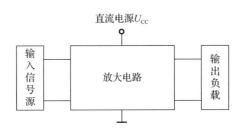

图 2.1 放大电路系统的结构框图

放大电路的功能是将小能量的微弱变化信号通过受控元件的电流放大转变成电压放大，并将放大电路中直流电源提供的能量转换成输出负载所需要的交流能量，所以放大的实质是一种能量转换与控制作用。

为了使放大电路正常工作，受控元件晶体管必须工作在线性放大区，以保证输出信号和输入信号保持线性关系，即信号波形不发生失真。对放大电路的工作性能要求，除了要有足够大的放大倍数 A_u，还有输入电阻 r_i、输出电阻 r_o、通频带 f_{BW} 等其他技术指标。

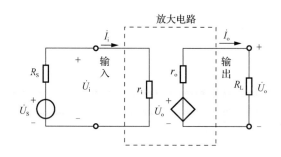

图 2.2　放大电路的工作原理示意图

2.1.2　放大电路的主要性能指标

放大电路的性能指标就是衡量放大电路工作性能的一些技术数据。根据图 2.2 所示放大电路的等效双端口网络来分析，左端口为输入端口，右端口为输出端口。放大电路常以正弦波作为输入信号，$\dot{U}_i$ 和 $\dot{I}_i$ 分别为输入电压和输入电流；$\dot{U}_o$ 和 $\dot{I}_o$ 分别为输出电压和输出电流；R_S 为信号源的内阻；R_L 为负载电阻。放大电路的技术指标很多，如电压放大倍数、电流放大倍数、功率放大倍数、输入电阻、输出电阻、通频带、最大不失真输出电压等，这里只介绍几个主要的性能指标。

1. 电压放大倍数 A_u

电压放大倍数是衡量放大电路放大能力的重要指标，是指输出电压 $\dot{U}_o$ 与输入电压 $\dot{U}_i$ 的比值，即

$$A_u = \frac{\dot{U}_o}{\dot{U}_i} \qquad (2.1)$$

有时考虑信号源内阻 R_S 的影响，计算输出电压对信号源的电压放大倍数 A_{us}，即输出电压 $\dot{U}_o$ 与信号源电压 $\dot{U}_S$ 之比，由图 2.2 可以看出

$$A_{us} = \frac{\dot{U}_o}{\dot{U}_S} = \frac{\dot{U}_o}{\dot{U}_i} \cdot \frac{\dot{U}_i}{\dot{U}_S} = A_u \cdot \frac{r_i}{R_S + r_i} \qquad (2.2)$$

式中，r_i 为放大电路的输入电阻。

2. 输入电阻 r_i

放大电路对信号源来说相当于信号源的负载，可用一个动态电阻来等效，该等效电阻称为放大电路的输入电阻 r_i，即

$$r_i = \frac{\dot{U}_i}{\dot{I}_i} \qquad (2.3)$$

输入电阻 r_i 反映了放大电路从信号源取用电流的大小。信号源 $\dot{U}_S$ 一定时，r_i 越大，

从信号源取用的电流越小，同时在 r_i 上的分压即输入电压 $\dot{U}_i$ 越大，所以输出电压 $\dot{U}_o$ 也越大。因此，通常希望放大电路的输入电阻 r_i 越大越好。

3. 输出电阻 r_o

放大电路的输出端口与负载相连，它对负载来说相当于负载的信号源，可用具有内阻的等效电压源表示。从放大电路的输出端口看进去的等效电压源的内阻称为该放大电路的输出电阻 r_o，即

$$r_o = \frac{\dot{U}_{oc}}{\dot{I}_{sc}} \tag{2.4}$$

式中，$\dot{U}_{oc}$ 为输出端开路时的开路电压；$\dot{I}_{sc}$ 为输出端短路时的短路电流。

输出电阻是衡量放大电路带负载能力的重要指标。通常情况下，希望放大电路的输出电阻 r_o 越小越好。因为 r_o 越小，当放大电路所带的负载波动时，其输出电压 $\dot{U}_o$ 波动越小，即放大电路的带负载能力越强。

4. 通频带 f_{BW}

通频带是衡量放大电路对不同频率信号放大能力的一个技术指标，反映放大电路的频率特性。通常放大电路的输入信号不是单一频率的正弦波，而是含有各种不同频率的谐波分量。由于放大电路中含有电容元件及晶体管的结电容等，它们的容抗将随频率的变化而变化。因此，对于不同频率的信号，放大倍数有所不同。当输入信号频率较低或较高时，放大倍数会下降。电压放大倍数的幅值和频率的关系，称为幅频特性，如图 2.3 所示。

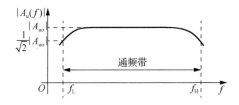

图 2.3 放大电路的幅频特性曲线

从图 2.3 中可以看出，在中间一段频率范围（称中频段）内，电压放大倍数最大（$|A_{uo}|$），而且不随信号频率变化。在中频段以外，电压放大倍数都要减小。当放大倍数下降为 $|A_{uo}|/\sqrt{2}$ 时所对应的频率 f_L 称为下限截止频率，f_H 称为上限截止频率。在 f_H 和 f_L 之间的频率范围称为放大电路的通频带 f_{BW}，即

$$f_{BW} = f_H - f_L \tag{2.5}$$

对放大电路来说，为了减小频率失真，希望通频带越宽越好，以使复杂信号中的各个频率成分得到同样的放大效果，使输出信号尽可能地与输入信号的波形一致。

2.2 固定偏置共发射极放大电路

按照输入回路和输出回路的公共端电极的不同，基本放大电路分为共发射极、共集电极和共基极放大电路。共发射极放大电路又包括固定偏置和分压式偏置两种类型。本节主要讨论固定偏置共发射极放大电路的组成、工作原理、分析方法、静态和动态参数计算。

2.2.1 固定偏置共发射极放大电路的组成

图 2.4 是固定偏置共发射极放大电路，它分为输入回路和输出回路两部分，晶体管的发射极直接接地，是输入回路和输出回路的公共端，因此称之为共发射极基本放大电路。信号由基极输入、集电极输出。在输入回路中，输入信号 u_i 由交流信号源提供，经过电容 C_1 直接加在基极 B 和发射极 E 之间。该信号经过中间的放大电路放大后，输出信号由集电极和发射极之间引出，交流部分经过电容 C_2 加在负载电阻 R_L 两端，输出电压为 u_o。

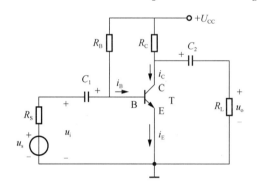

图 2.4 固定偏置共发射极放大电路

下面分析放大电路的元件组成以及各个元件在电路中所起的作用。

1. 晶体管 T

晶体管是放大电路的核心元件，具有电流放大作用，$i_C = \beta i_B$。用基极电流的微小变化去控制集电极电流较大的变化。为了使电路正常放大，晶体管要工作在放大区。

2. 直流电源 U_{CC}

U_{CC} 的作用是保证晶体管发射结正向偏置、集电结反向偏置，以实现电流放大作用。除此以外，U_{CC} 还为放大后的输出信号 u_o 提供能量。U_{CC} 取值一般为几伏到几十伏。

3. 基极电阻 R_B 和集电极电阻 R_C

U_{CC} 通过基极电阻 R_B 为电路提供大小合适的基极偏置电流 I_B，所以 R_B 也称为偏置电阻，其取值一般为几十千欧到几百千欧。R_B 一定，偏置电流就固定，故称为固定偏置放大电路。U_{CC} 通过集电极电阻 R_C 使晶体管集电结反向偏置。集电极电流的变化将通过 R_C 转变为电压的变化，从而实现电压放大。R_C 取值一般为几千欧到几十千欧。

4. 耦合电容 C_1 和 C_2

耦合电容 C_1 和 C_2 在电路中起隔直传交的作用。对于直流，容抗无穷大，相当于开路。C_1 隔断放大电路与信号源之间的直流通路，C_2 隔断放大电路与负载之间的直流通路。同时选择足够大的耦合电容 C_1 和 C_2，使其在输入信号频率范围内的容抗很小，近似短路，保证交流信号畅通无阻顺利地经过放大电路，沟通信号源、放大电路和负载三者之间的交流通路，起到交流耦合作用。耦合电容 C_1 和 C_2 是电解电容器，取值一般为几微法到几十微法，有正负极性，使用时应注意其极性。

图 2.4 是 NPN 型晶体管的共发射极基本放大电路，如果换成 PNP 型晶体管，只需将放大电路中的电源 U_{CC}、电容 C_1 及 C_2 的极性改变一下即可，它们的工作原理相同。

2.2.2　固定偏置共发射极放大电路的工作原理

图 2.5 是固定偏置共发射极放大电路的基本放大器部分，以此来分析其工作原理。既有直流电源 U_{CC} 供电，又有交流信号 u_i 输入，这是一个交直流信号共存的电路，可采用叠加原理来分析讨论。

当输入信号 $u_i = 0$（称静态）时，放大电路在直流电源 U_{CC} 作用下，各电压和电流都是直流量，这时晶体管各极电流和极间电压分别用 I_B、I_C、U_{BE}、U_{CE} 表示。由于输出端电容 C_2 隔直流，所以直流量 U_{CE} 被隔离，此时输出电压 $u_o = 0$。

当输入信号 $u_i \neq 0$（称动态）时，设微弱信号 $u_i = U_{im} \sin \omega t$，忽略电容 C_1 交流压降，u_i 直接加到晶体管的 B-E 两极之间，即晶体管发射结电压 u_{BE} 是在直流量 U_{BE} 基础上叠加一个交流信号 u_i。由晶体管的输入特性曲线得知，u_{BE} 的变化会产生相应的基极电流变化 i_B，即晶体管基极电流 i_B 是在静态直流量 I_B 之上叠加了一个动态交流量 i_b，如图 2.6 所示（I_{bm} 为 I_b 的最大值）。

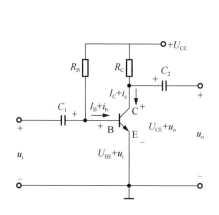

图 2.5　共发射极基本放大电路的原理分析

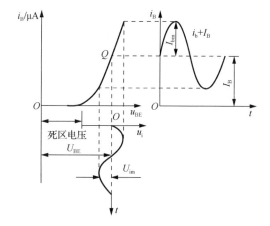

图 2.6　具有偏置电流 I_B 时，B-E 回路的工作情况

　　由于晶体管的电流放大作用，基极电流 i_B 的变化将引起集电极电流 i_C 发生更大的变化，即 $i_C = \beta i_B$，集电极电流也会在静态直流量 I_C 之上叠加了一个交流量 i_c。随后集电极电流 i_C 的变化将引起晶体管的 C-E 两极之间电压 u_{CE} 的变化，即 $u_{CE} = U_{CC} - i_C R_C$，注意 i_C 增加时，u_{CE} 减小。电路中各部分的电压和电流波形如图 2.7 所示。由图 2.7 可以看出，晶体管的 u_{BE}、i_B、i_C、u_{CE} 都是在直流量之上叠加一个交流量，具体表达式如下：

$$u_{BE} = U_{BE} + u_i$$

$$i_B = I_B + i_b$$

$$i_C = \beta i_B = \beta I_B + \beta i_b = I_C + i_c$$

$$u_{CE} = U_{CC} - i_C R_C = (U_{CC} - I_C R_C) - i_c R_C = U_{CE} + u_{ce} = U_{CE} + u_o$$

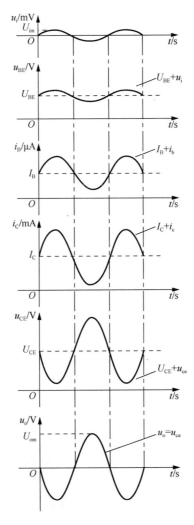

图 2.7　固定偏置共发射极放大电路的电流和电压传输波形

由于输出端耦合电容 C_2 隔直流传交流，所以直流量 U_{CE} 被隔离，只有交流量 u_{ce} 成为输出电压 u_o，即 $u_o = u_{ce} = -i_c R_C$。可见，集电极电流的变化量 i_c 通过 R_C 转变成了电压的变化量，从而实现了电压放大的目的。若适当选择电路参数，则 u_o 的幅值将比 u_i 大很多，同时 u_o 与 u_i 的相位相反，即共发射极电路具有反相作用。

注意 u_i 的幅值不能太大，要保证 i_c 的波形和 u_i 的波形一致，否则，输出电压 u_o 会出现波形失真。后续会详细讨论失真问题。

2.2.3　直流通路与静态分析

放大电路的分析包括静态分析和动态分析。静态分析就是分析当 $u_i = 0$ 时，晶体管各极电流和极间电压的直流量 I_B、I_C、U_{BE}、U_{CE}，由于这些数值对应晶体管输入特性曲线和输出特性曲线上的一个确定点，故称为静态工作点 Q。由于发射结正向压降 U_{BE} 大小仅取决于管子的材料（硅管 $0.6 \sim 0.7V$，锗管 $0.2 \sim 0.3V$），所以静态工作点 Q 的计算就是求 I_B、I_C、U_{CE}，通过放大电路的直流通路来计算。

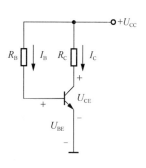

图 2.8　固定偏置共发射极放大电路的直流通路

根据如图 2.5 所示的共发射极基本放大电路，由于电容的隔直作用，C_1、C_2 相当于开路，可得直流通路如图 2.8 所示。求解静态工作点 Q 的方法有两种：估算法和图解法。

1. 静态工作点的估算法

如图 2.8 所示直流通路，估算静态工作点 Q，就是求静态值 I_B、I_C、U_{CE}。

因为 $U_{CC} = I_B R_B + U_{BE}$，所以

$$I_B = \frac{U_{CC} - U_{BE}}{R_B} \approx \frac{U_{CC}}{R_B} \tag{2.6}$$

集电极电流为

$$I_C = \beta I_B + I_{CEO} \approx \beta I_B \tag{2.7}$$

晶体管集电极 C 与发射极 E 之间的电压（管压降）为

$$U_{CE} = U_{CC} - I_C R_C \tag{2.8}$$

若已知晶体管的电流放大系数 β 和电阻 R_B、R_C 及电源电压 U_{CC}，即可估算出该放大电路的静态工作点。

例 2.1　如图 2.5 所示基本放大电路，已知 $U_{CC} = 12V$，$R_B = 280k\Omega$，$R_C = 3.3k\Omega$，$\beta = 50$，$U_{BE} = 0.7V$，试估算该放大电路的静态工作点。

解： 根据如图 2.8 所示的直流通路可得出

$$I_B = \frac{U_{CC} - U_{BE}}{R_B} = \frac{12 - 0.7}{280} \approx 0.040mA = 40\mu A$$

$$I_C \approx \beta I_B = 50 \times 0.04 = 2mA$$

$$U_{CE} = U_{CC} - I_C R_C = 12 - 2 \times 3.3 = 5.4V$$

2. 静态工作点的图解法

图解法就是以晶体管的输入、输出特性曲线为基础，通过作图来得到静态参数值。

首先用估算法确定基极电流 I_B（如 40μA），找到对应输入特性曲线上的 Q 点，如图 2.9（a）所示。然后在晶体管的输出特性 $I_C = f(U_{CE})\big|_{I_B=\text{常数}}$ 的曲线簇中，根据 I_B 的大小找到对应的那条特性曲线，如图 2.9（b）所示，那么静态工作点一定在这条曲线上。再根据直流通路中 I_C 与 U_{CE} 满足的电压关系式（2.8）可以得到

$$I_C = -\frac{1}{R_C}U_{CE} + \frac{U_{CC}}{R_C} \tag{2.9}$$

这是一条直线方程，称为放大电路的直流负载线。它与 I_B 那条输出特性曲线的交点即为静态工作点 Q，如图 2.9（b）所示，那么此点对应坐标轴上的 U_{CEQ}、I_{CQ} 就是静态值。此图解就是例 2.1 的直流负载线和静态工作点 Q。

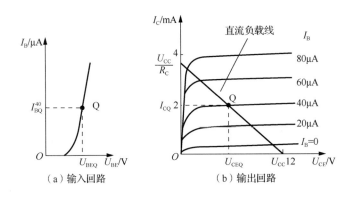

图 2.9　放大电路静态工作点的图解分析

基极电流 I_B 的大小很重要，因为 I_B 决定了静态工作点 Q 在负载线上的位置。若 I_B 偏大，则 Q 点靠近输出特性的饱和区；若 I_B 偏小，则 Q 点靠近输出特性的截止区。为了使电路正常线性放大，要保证晶体管的动态工作范围在线性放大区。通常工作点 Q 选在负载线的中部附近。合理设置 Q 点是保证放大电路正常工作的先决条件。

2.2.4　交流通路与动态分析

图 2.10（a）是固定偏置共发射极放大电路，它是一个交直流信号共存的电路。放大电路的静态分析是输入信号为 0 时，通过直流通路分析电压和电流的直流分量，即静态参数。而动态分析是在有输入交流信号时，通过交流信号通路来分析电压和电流的交流分量，进而研究放大电路的电压放大倍数、输入电阻和输出电阻等各项动态参数指标。

对交流信号而言，耦合电容 C_1、C_2 相当于短路，直流电源 U_{CC} 不起作用，即 $U_{CC}=0$，可看成对地短路，则该共发射极放大电路的交流通路如图 2.10（b）所示。设输入的是正弦信号，所以交流通路中标注的电压和电流都用相量表示。

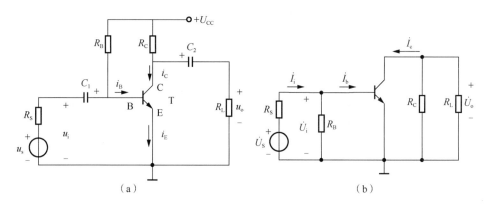

图 2.10　固定偏置共发射极放大电路及其交流通路

放大电路的动态分析有两种基本方法：图解法和微变等效电路法。图解法比较直观，用于分析信号的动态传输情况，适合于定性分析。而微变等效电路法适于动态参数的定量分析。

1. 图解法

动态分析的图解法是在静态分析的基础上，用作图的方式表示放大电路中各个电压、电流分量之间的相互关系及其传输情况。

动态工作时，放大电路中的电压电流都是在静态工作点的基础上叠加上一个交流分量。以图 2.5 的放大电路（未接负载电阻 R_L）为例，并结合晶体管特性曲线来分析，如图 2.11 所示，设输入信号 u_i 为正弦电压，在 u_i 的作用下，放大电路的输入回路会引起交流量 u_{be} 和 i_b、输出回路便会引起交流量 i_c 和 u_{ce}。它们与相应的静态值 U_{BE}、I_B、I_C 和 U_{CE}

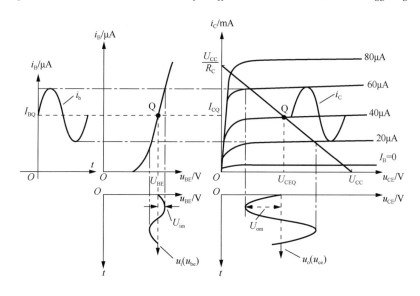

图 2.11　放大电路有输入交流信号 u_i 时，各个电压和电流的动态图解

叠加后，便得到输入、输出回路电压和电流的动态波形。图 2.11 中的 u_{CE} 只有交流量 u_{ce} 才能经电容 C_2 输出，即 $u_o = u_{ce}$。输出正弦电压 u_o 的幅值 U_{om} 与输入正弦电压 u_i 的幅值 U_{im} 之比，就是电压放大倍数 A_u。同时可以看出，u_o 与 u_i 的相位相反，因此共发射极电路具有反相作用。

一个放大电路，除了要有较高的电压放大倍数以外，还要求输出电压波形尽量与输入电压波形一致，否则将出现失真。因静态工作点 Q 设置不当（过高或过低）或输入信号 u_i 太大，使晶体管的动态工作范围进入饱和或截止非线性区域所引起的失真，称为非线性失真。

如图 2.12 所示，静态工作点 Q_1 位置过高（I_B 偏大），接近饱和区，在输入信号的正半周，晶体管进入饱和区工作，这时尽管 i_b 没有失真，但 i_c 正半周、u_{CE} 负半周都已明显失真，此时引起的失真称为饱和失真。其特征是输出电压 u_o 波形的负半周底部被削平。当出现饱和失真时，可通过增大基极电阻 R_B，从而减小基极电流 I_B 来消除失真。

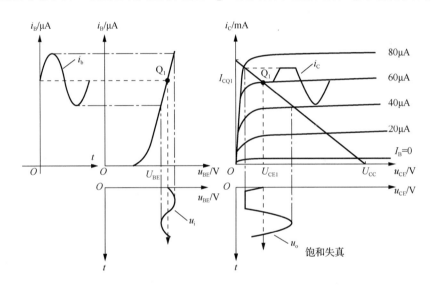

图 2.12　静态工作点过高引起的输出电压波形饱和失真

如图 2.13 所示，静态工作点 Q_2 位置过低（I_B 偏小），接近截止区，在输入信号负半周的一段时间里，晶体管进入截止区工作，导致 i_B、i_C 的负半周及 u_{CE} 的正半周都严重失真，此时引起的失真称为截止失真。其特征是输出电压 u_o 波形的正半周顶部被削平。当出现截止失真时，可通过减小基极电阻 R_B，从而增大基极电流 I_B 来消除失真。

由以上分析可知，为了使放大电路不产生非线性失真，静态工作点位置必须选得合适，通常大致选在负载线的中部。此外，即使静态工作点 Q 的位置选得合适，u_i 的幅值也不能太大，否则截止失真和饱和失真可能会同时产生，其特征是输出电压 u_o 波形正半周的顶部和负半周的底部都被削平。

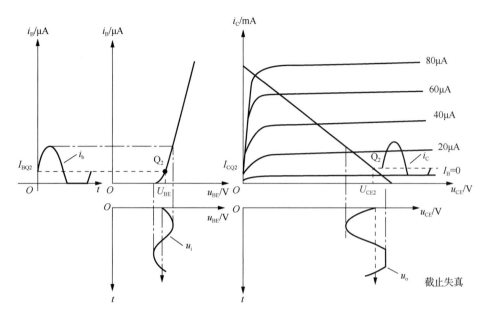

图 2.13 静态工作点过低引起的输出电压波形截止失真

2. 微变等效电路法

当晶体管在小信号（微变量）情况下工作时，静态工作点附近小范围内的特性曲线可用直线段近似代替，即将非线性元件晶体管进行线性化，于是放大电路的交流通路可等效为一个线性电路，即所谓放大电路的微变等效电路。下面介绍晶体管的微变等效电路。

1）晶体管的微变等效电路

图 2.14（a）是晶体管的输入特性曲线。当输入微小变化的信号时，在 Q 点附近的曲线可近似看成直线，电压变化量 ΔU_{BE} 与电流变化量 ΔI_B 之比称为晶体管的输入电阻 r_{be}，即

$$r_{be} = \frac{\Delta U_{BE}}{\Delta I_B} = \frac{u_{be}}{i_b} \tag{2.10}$$

在小信号情况下，这个动态电阻 r_{be} 近似为常数，对于低频小功率晶体管，r_{be} 可用下式估算

$$r_{be} \approx 200(\Omega) + (1+\beta)\frac{26(mV)}{I_E(mA)} \tag{2.11}$$

式中，I_E 为静态发射极电流。r_{be} 通常在几百欧到几千欧，半导体手册中常用 h_{ie} 代表。

图 2.14（b）是晶体管的输出特性曲线，在线性放大区是一组近似等距的平行直线，由此可以求得晶体管的电流放大系数为

$$\beta = \frac{\Delta I_C}{\Delta I_B} = \frac{i_c}{i_b} \tag{2.12}$$

在小信号作用下，β 是一个常数，由它确定晶体管 i_c 受 i_b 控制的关系，即 $i_c = \beta i_b$。因此，晶体管的输出回路相当于一个受 i_b 控制的受控电流源。

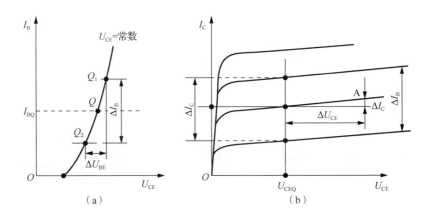

图 2.14　从晶体管输入、输出特性曲线求 r_{be}、β、r_{ce}

另外，晶体管的输出特性曲线不完全与横轴平行，略微上翘。在静态工作点附近有

$$r_{ce} = \frac{\Delta U_{CE}}{\Delta I_{C}}\bigg|_{I_{B}} = \frac{u_{ce}}{i_{b}}\bigg|_{I_{B}} \qquad (2.13)$$

式中，r_{ce} 称为晶体管的输出电阻。在小信号作用下，r_{ce} 也是一个常数，其值很大，在几十千欧到几百千欧，因此常把它忽略，近似开路。于是晶体管的微变等效电路如图 2.15 所示。

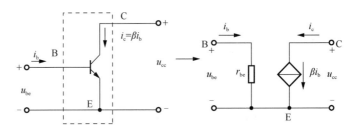

图 2.15　晶体管的微变等效电路

2）放大电路的微变等效电路及动态参数的计算

如图 2.16（a）所示的放大电路交流通路，将晶体管用其微变等效电路代替，即得放大电路的微变等效电路，如图 2.16（b）所示。

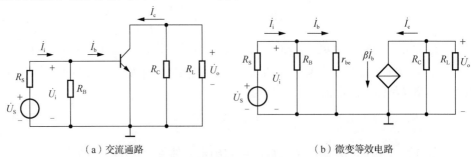

（a）交流通路　　　　　　　　　　　　（b）微变等效电路

图 2.16　共发射极基本放大电路的交流通路及其微变等效电路

动态参数的计算是指利用微变等效电路求放大电路的主要性能指标：电压放大倍数、输入电阻和输出电阻等。

（1）电压放大倍数 A_u 的计算。

输出电压 $\dot{U}_o$ 与输入电压 $\dot{U}_i$ 的比即为电压放大倍数。由图 2.16（b）的输入回路和输出回路可得

$$\dot{U}_i = \dot{I}_b r_{be}$$

$$\dot{U}_o = -\dot{I}_c \left(\frac{R_C \cdot R_L}{R_C + R_L} \right) = -\beta \dot{I}_b R_L'$$

式中，

$$R_L' = R_C \,/\!/\, R_L$$

故放大电路的电压放大倍数为

$$A_u = \frac{\dot{U}_o}{\dot{U}_i} = -\beta \frac{R_L'}{r_{be}} \tag{2.14}$$

式（2.14）中的负号表示输出电压 $\dot{U}_o$ 与输入电压 $\dot{U}_i$ 的相位相反，这与图解法是一致的。

显然电压放大倍数与负载电阻有关，R_L 越大，电压放大倍数就越高。当放大电路空载时，即输出端开路 $R_L = \infty$，则 $A_u = -\beta \dfrac{R_C}{r_{be}}$。

考虑信号源内阻 R_S 时，计算输出电压对信号源的电压放大倍数 A_{us}。

由式（2.2）可得

$$A_{us} = A_u \cdot \frac{r_i}{R_S + r_i} = -\beta \frac{R_L'}{r_{be}} \cdot \frac{r_i}{R_S + r_i}$$

式中，r_i 为放大电路的输入电阻。

（2）输入电阻 r_i 的计算。

从放大电路的输入端口看进去，如图 2.17 所示，根据输入电阻 r_i 的定义可得到

$$r_i = \frac{\dot{U}_i}{\dot{I}_i} = R_B \,/\!/\, r_{be} = \frac{R_B \cdot r_{be}}{R_B + r_{be}} \tag{2.15}$$

通常 R_B 阻值比 r_{be} 大得多，此放大电路的输入电阻近似于晶体管的输入电阻 r_{be}，因此输入电阻 r_i 比较低。

（3）输出电阻 r_o 的计算。

求输出电阻要从放大电路的输出端口看进去，须将负载电阻 R_L 断开，如图 2.17 所示。根据输出电阻 r_o 的定义，需要计算其开路电压 $\dot{U}_{oc}$ 和短路电流 $\dot{I}_{sc}$，如图 2.18 所示。

开路电压为

$$\dot{U}_{oc} = -\beta \dot{I}_b R_C$$

短路电流为

$$\dot{I}_{sc} = -\beta \dot{I}_b$$

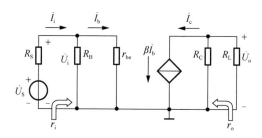

图 2.17　固定偏置共发射极放大电路的输入电阻和输出电阻

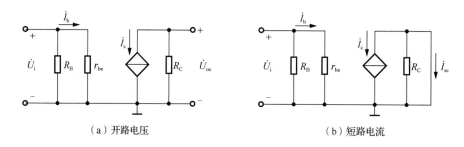

（a）开路电压　　　　　　　　　　　（b）短路电流

图 2.18　输出电阻的计算

所以，输出电阻 r_o 为

$$r_o = \frac{\dot{U}_{oc}}{\dot{I}_{sc}} = R_C \qquad (2.16)$$

例 2.2　如图 2.19（a）所示的放大电路，已知 $U_{CC} = 15V$，$R_C = 5k\Omega$，$R_L = 5k\Omega$，$R_B = 500k\Omega$，$\beta = 50$，$U_{BE} = 0.6V$。（1）估算静态工作点；（2）画出微变等效电路；（3）求放大电路的电压放大倍数；（4）求输入电阻和输出电阻。

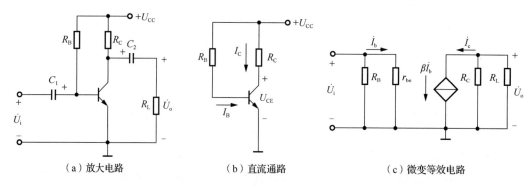

（a）放大电路　　　　　　（b）直流通路　　　　　　（c）微变等效电路

图 2.19　例 2.2 图

解：（1）根据放大电路的直流通路来估算静态工作点，直流通路如图 2.19（b）所示。

$$I_B = \frac{U_{CC} - U_{BE}}{R_B} = \frac{15 - 0.6}{500} = 28.8\mu A$$

$$I_C = \beta I_B = 50 \times 0.0288 = 1.44mA$$

$$U_{CE} = U_{CC} - I_C R_C = 15 - 1.44 \times 5 = 7.8V$$

（2）微变等效电路如图 2.19（c）所示。

（3）电压放大倍数为

$$A_u = -\beta \frac{R'_L}{r_{be}} = -50 \times \frac{2.5}{1.12} \approx -112$$

式中，

$$r_{be} = 200 + (1+\beta)\frac{26(mV)}{I_E(mA)} = 200 + 51 \times \frac{26}{1.44} \approx 1220\Omega = 1.12k\Omega$$

$$R'_L = R_C \mathbin{/\mkern-5mu/} R_L = 5 \mathbin{/\mkern-5mu/} 5 = 2.5k\Omega$$

（4）输入电阻为

$$r_i = R_B \mathbin{/\mkern-5mu/} r_{be} = \frac{500 \times 1.12}{500 + 1.12} \approx 1.12k\Omega$$

输出电阻为

$$r_o = R_C = 5k\Omega$$

2.3 分压式偏置共发射极放大电路

合理设置静态工作点是保证放大电路正常工作的先决条件。在固定偏置共发射极放大电路中，当温度升高时，晶体管的电流放大系数 β 增大，反向饱和电流 I_{CBO} 增加，$I_B = 0$ 时的穿透电流 $I_{CEO} = (1+\beta)I_{CBO}$ 也增加，因此，晶体管的输出特性曲线簇均相应抬高，工作点的集电极电流 I_{CQ} 变大，由此引起静态工作点 Q 上移，靠近饱和区，从而可能发生饱和失真，严重时会使放大电路不能正常工作。

为了使静态工作点 Q 保持稳定，常采用分压式偏置共发射极放大电路，如图 2.20（a）所示。两个基极电阻 R_{B1}、R_{B2} 组成了分压式偏置，R_{B1} 称为上偏置电阻，R_{B2} 称为下偏置电阻。电路在发射极串联一个电阻 R_E，称为温度补偿电阻，其作用是稳定静态工作点。而与 R_E 并联的电容 C_E 的作用是对直流分量开路，对交流分量短路，又称为交流旁路电容。因此，C_E 容量要足够大，一般几十微法到几百微法。这样发射极电阻 R_E 上不会产生交流压降，所以，不会影响放大电路的电压放大倍数。若把交流旁路电容 C_E 去掉，则 R_E 上会产生交流压降，从而影响放大电路的电压放大倍数。

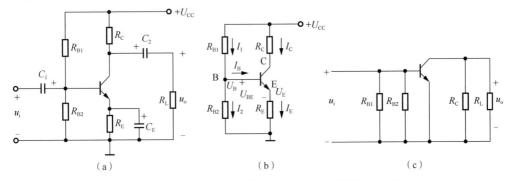

图 2.20 分压式偏置共发射极放大电路及其直流通路和交流通路

下面对分压式偏置共发射极放大电路进行静态分析和动态分析，图 2.20（b）和图 2.20（c）分别是它的直流通路和交流通路。

2.3.1　静态工作点的计算

如图 2.20（b）所示的直流通路，若参数 R_{B1}、R_{B2} 选择适当，保证 $I_2 \gg I_B$，$U_B \gg U_{BE}$，则可认为 $I_1 \approx I_2$，所以基极的电位 U_B 可以通过分压式求得，故称"分压式偏置"放大电路。

静态工作点的计算过程如下：

$$U_B = \frac{R_{B2}}{R_{B1} + R_{B2}} \cdot U_{CC} \tag{2.17}$$

所以

$$I_C \approx I_E = \frac{U_B - U_{BE}}{R_E} \tag{2.18}$$

$$I_B = \frac{I_C}{\beta}$$

$$U_{CE} = U_{CC} - I_C R_C - I_E R_E \approx U_{CC} - I_C (R_C + R_E) \tag{2.19}$$

2.3.2　静态工作点的稳定原理

在实际电路中，用 R_{B1} 和 R_{B2} 串联电路的 R_{B2} 上的分压来确定基极电位 U_B，发射结正向压降 U_{BE} 可忽略，所以由式（2.17）、式（2.18）可得

$$I_C \approx \frac{U_B - U_{BE}}{R_E} \approx \frac{U_B}{R_E} = \frac{R_{B2}}{R_{B1} + R_{B2}} \cdot \frac{U_{CC}}{R_E}$$

上式表明，静态电流 I_C 基本与晶体管参数无关，不受温度影响，因此，静态工作点保持基本稳定。

该电路稳定静态工作点的物理过程实质是一个负反馈调节过程，具体如下：

当电流 I_C 随温度 T 增加而增大时，晶体管发射极电位 U_E 增大，而基极电位 U_B 不变，所以 $U_{BE}(=U_B-U_E)$ 减小，促使 I_B 减小进而抑制了 I_C 的增大，从而稳定静态工作点，如图 2.21 所示。

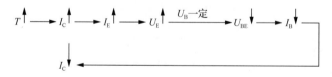

图 2.21　稳定静态工作点的过程

R_E 越大，稳定性越好。但 R_E 不能太大，否则 U_E 也随之升高，这会使管压降 U_{CE} 变小，导致晶体管动态工作范围变小。此外，若 I_1 取得太大，就必然要求 R_{B1} 和 R_{B2} 取得较小，这不仅增大了功耗，而且还会从信号源取用较大的电流，从而增加信号源内阻上的压降，使输入信号减小。一般 R_{B1} 和 R_{B2} 为几十千欧。基极电位 U_B 也不能太高，一般取 $U_B \geqslant (5 \sim 8)U_{BE}$，$I_2 \geqslant (5 \sim 10)I_B$。

2.3.3 动态参数的分析计算

由如图 2.20（c）所示的分压式偏置共发射极放大电路的交流通路，可画出其微变等效电路，如图 2.22 所示，由此微变等效电路来计算放大电路的动态参数：电压放大倍数、输入电阻和输出电阻等。

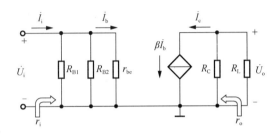

图 2.22   分压式偏置共发射极放大电路的微变等效电路

1. 电压放大倍数 A_u

$$A_u = \frac{\dot{U}_o}{\dot{U}_i} = -\beta \frac{R'_L}{r_{be}} \qquad (2.20)$$

式中，$R'_L = R_C \,/\!/\, R_L$。可见，此电路的电压放大倍数与固定偏置共发射极放大电路的电压放大倍数相同。

2. 输入电阻 r_i

从输入端口看进去，就是三个电阻 R_{B1}、R_{B2} 和 r_{be} 的并联，即
$$r_i = R_{B1} \,/\!/\, R_{B2} \,/\!/\, r_{be} \qquad (2.21)$$

3. 输出电阻 r_o

从输出端口看进去，将负载电阻 R_L 断开，由图 2.22 可以看出，与固定偏置共发射极放大电路情况相同，输出电阻仍然为 R_C，即
$$r_o = R_C \qquad (2.22)$$

例 2.3   如图 2.20(a)所示的分压式偏置共发射极放大电路,已知晶体管的 U_{BE}=0.6V, β=66,U_{CC}=24V,R_C=3.3kΩ,R_E=1.5kΩ,R_{B1}=33kΩ,R_{B2}=10kΩ,R_L=5.1kΩ,试求：（1）静态工作点；（2）晶体管的输入电阻；（3）电压放大倍数；（4）放大电路的输入电阻和输出电阻。

解：（1）计算静态值 I_B、I_C、U_{CE} 分别为

$$U_B = \frac{R_{B2}}{R_{B1}+R_{B2}}U_{CC} = \frac{10}{33+10} \times 24 \approx 5.58\text{V}$$

$$I_C \approx I_E = \frac{U_B - U_{BE}}{R_E} = \frac{5.58 - 0.6}{1.5} = 3.32\text{mA}$$

$$I_B = \frac{I_C}{\beta} \approx 50\mu\text{A}$$

$$U_{CE} = U_{CC} - I_C R_C - I_E R_E \approx 24 - 3.32 \times (3.3 + 1.5) \approx 8.06V$$

（2）晶体管的输入电阻为

$$r_{be} = 200 + (1+\beta)\frac{26(mV)}{I_E(mA)} = 200 + 67 \times \frac{26}{3.32} \approx 0.725k\Omega$$

（3）电压放大倍数为

$$A_u = -\beta\frac{R'_L}{r_{be}} = -66 \times \frac{2}{0.725} = -182$$

式中，

$$R'_L = R_C \mathbin{/\mkern-5mu/} R_L = 3.3 \mathbin{/\mkern-5mu/} 5.1 = 2k\Omega$$

（4）放大电路的输入电阻为

$$r_i = R_{B1} \mathbin{/\mkern-5mu/} R_{B2} \mathbin{/\mkern-5mu/} r_{be} = 33 \mathbin{/\mkern-5mu/} 10 \mathbin{/\mkern-5mu/} 0.725 \approx 0.662k\Omega$$

放大电路的输出电阻为

$$r_o = R_C = 3.3k\Omega$$

例 2.4 如图 2.20（a）所示的分压式偏置共发射极放大电路，若 R_E 未全被 C_E 旁路，而尚留一段电阻 R_{E1}，如图 2.23（a）所示。已知晶体管的 $U_{BE}=0.7V$，$\beta=40$，$U_{CC}=12V$，$R_{B1}=20k\Omega$，$R_{B2}=10k\Omega$，$R_C=2k\Omega$，$R_{E1}=200\Omega$，$R_{E2}=1.8k\Omega$，$R_L=2k\Omega$。（1）估算静态工作点，并求晶体管的输入电阻；（2）画出微变等效电路；（3）求电压放大倍数；（4）求放大电路的输入电阻；（5）求放大电路的输出电阻。

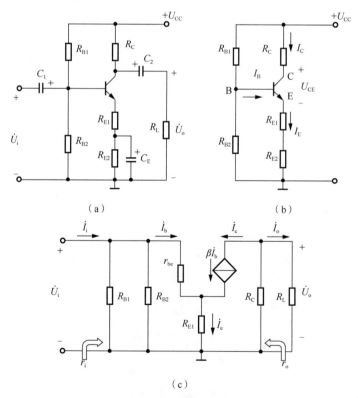

（a）　　　　　　　　　　　（b）

（c）

图 2.23　例 2.4 图

解：（1）估算静态工作点，即通过直流通路求 I_B、I_C、U_{CE}。直流通路如图 2.23（b）所示，由图可知

$$U_B = \frac{R_{B2}}{R_{B1}+R_{B2}}U_{CC} = \frac{10}{20+10}\times12 = 4\text{V}$$

$$I_C \approx I_E = \frac{U_B-U_{BE}}{R_{E1}+R_{E2}} = \frac{4-0.7}{0.2+1.8} = 1.65\text{mA}$$

$$I_B = \frac{I_C}{\beta} \approx 41\mu\text{A}$$

$$U_{CE} = U_{CC}-I_CR_C-I_E(R_{E1}+R_{E2}) \approx 12-1.65\times(2+0.2+1.8) = 5.4\text{V}$$

晶体管的输入电阻为

$$r_{be} = 200+(1+\beta)\frac{26(\text{mV})}{I_E(\text{mA})} = 200+41\times\frac{26}{1.65} \approx 0.85\text{k}\Omega$$

（2）微变等效电路如图 2.23（c）所示。

（3）求电压放大倍数 A_u。

此时

$$\dot{U}_i = \dot{I}_b r_{be}+(1+\beta)\dot{I}_b R_{E1}, \quad \dot{U}_o = -\dot{I}_C R_L' = -\beta\dot{I}_b R_L'$$

式中，

$$R_L' = R_C \mathbin{/\!/} R_L$$

故电压放大倍数为

$$A_u = \frac{\dot{U}_o}{\dot{U}_i} = -\beta\frac{R_L'}{r_{be}+(1+\beta)R_{E1}} \tag{2.23}$$

而图 2.20（a）的分压式偏置共发射极放大电路的电压放大倍数为 $A_u = -\beta\dfrac{R_L'}{r_{be}}$。

由此可见，分压式偏置共发射极放大电路中的发射极电阻没有全部被电容 C_E 旁路，而尚留一段电阻 R_{E1} 时，放大电路的电压放大倍数会减小。这是因为射极电阻 R_{E1} 产生交流压降 $u_e=i_e R_{E1}$，使得晶体管的发射结电压 u_{be} 减小，所以输出电压 u_o 将减小，从而降低了电压放大倍数。

由已知的电路参数来看，$(1+\beta)R_{E1} \gg r_{be},1+\beta \approx \beta$，故式（2.23）可化简为 $A_u \approx -\dfrac{R_L'}{R_E}$，即 A_u 大小基本上不受晶体管参数的影响，因此电压放大倍数比较稳定。

将已知数据代入式（2.23），得到该放大电路的电压放大倍数为

$$A_u = -\frac{\beta R_L'}{r_{be}+(1+\beta)R_{E1}} = -\frac{40\times1}{0.85+(1+40)\times0.2} = -\frac{40}{9.05} \approx -4.42$$

式中，

$$R_L' = R_C \mathbin{/\!/} R_L = 2 \mathbin{/\!/} 2 = 1\text{k}\Omega$$

（4）求放大电路的输入电阻 r_i。

从输入端口看进去，在输入回路中有

$$\dot{U}_i = \dot{I}_b r_{be}+(1+\beta)\dot{I}_b R_{E1}$$

$$\dot{I}_b = \frac{\dot{U}_i}{r_{be} + (1+\beta)R_{E1}}$$

$$\dot{I}_i = \frac{\dot{U}_i}{R_{B1}} + \frac{\dot{U}_i}{R_{B2}} + \frac{\dot{U}_i}{r_{be} + (1+\beta)R_{E1}}$$

由上式可得输入电阻为

$$r_i = \frac{\dot{U}_i}{\dot{I}_i} = R_{B1} \parallel R_{B2} \parallel [r_{be} + (1+\beta)R_{E1}] \qquad (2.24)$$

而图 2.20（a）的分压式偏置共发射极放大电路的输入电阻为 $r_i = R_{B1} \parallel R_{B2} \parallel r_{be}$。

由此可见，分压式偏置共发射极放大电路中的发射极电阻没有全部被电容 C_E 旁路，而尚留一段电阻 R_{E1} 时，放大电路的输入电阻增大了，因而减小了信号源内阻 R_S 对放大器的影响。

将已知数据代入式（2.24），得到输入电阻为

$$r_i = R_{B1} \parallel R_{B2} \parallel [r_{be} + (1+\beta)R_{E1}]$$
$$= 20 \parallel 10 \parallel [0.85 + (1+40) \times 0.2]$$
$$= 6.67 \parallel 9.05$$
$$\approx 3.84 \text{k}\Omega$$

（5）求放大电路的输出电阻 r_o。

将负载电阻 R_L 断开，从输出端口看进去，由于 R_{E1} 与受控电流源 $\beta \dot{i}_b$ 串联，对外部电路没有影响，所以输出电阻仍为 R_C，即 $r_o = R_C = 2 \text{k}\Omega$。

2.4　共集电极放大电路——射极输出器

射极输出器

图 2.24 是共集电极放大电路。由于直流电源对交流信号相当于短路，所以集电极是输入回路和输出回路的公共端，故称其为共集电极放大电路。又因输出信号从发射极引出，所以常称其为射极输出器。下面对其进行静态分析和动态分析。

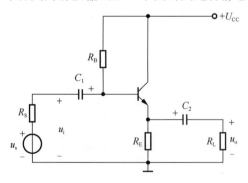

图 2.24　射极输出器

2.4.1　静态工作点的计算

射极输出器的直流通路如图 2.25 所示，由此直流通路可推导出静态工作点。

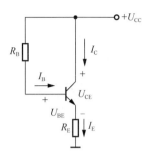

图 2.25　射极输出器的直流通路

计算公式如下：

$$U_{CC} = I_B R_B + U_{BE} + I_E R_E$$

所以

$$\begin{cases} I_B = \dfrac{U_{CC} - U_{BE}}{R_B + (1+\beta)R_E} \\ I_C = \beta I_B, \ I_E = (1+\beta)I_B \\ U_{CE} = U_{CC} - I_E R_E \approx U_{CC} - I_C R_E \end{cases} \tag{2.25}$$

2.4.2　动态参数的分析计算

对于交流分量，电容和直流电源均可视为短路，可得到如图 2.26 所示的微变等效电路。

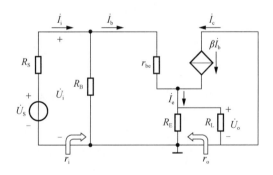

图 2.26　射极输出器的微变等效电路

1. 电压放大倍数 A_u

输入电压为

$$\dot{U}_i = \dot{I}_b r_{be} + \dot{I}_e R_L'$$

输出电压为

$$\dot{U}_o = \dot{I}_e R_L'$$

式中，

$$R_L' = R_E \mathbin{/\mkern-5mu/} R_L$$

所以电压放大倍数为

$$A_u = \frac{\dot{U}_o}{\dot{U}_i} = \frac{\dot{I}_e R_L'}{\dot{I}_b r_{be} + \dot{I}_e R_L'} = \frac{(1+\beta)\dot{I}_b R_L'}{\dot{I}_b r_{be} + (1+\beta)\dot{I}_b R_L'} = \frac{(1+\beta)R_L'}{r_{be} + (1+\beta)R_L'} \approx 1 \quad (2.26)$$

通常 $r_{be} \ll (1+\beta)R_L'$，故 $A_u \approx 1$，即 $\dot{U}_o \approx \dot{U}_i$，且输出电压与输入电压极性相同。由此可见，射极输出器的输出电压跟随着输入电压变化，所以也常称其为射极跟随器。虽然射极输出器无电压放大作用，但发射极电流远远大于基极电流，因此，它有电流放大作用和功率放大作用。

2. 输入电阻 r_i

从输入端口看进去，在输入回路中有

$$\dot{I}_i = \frac{\dot{U}_i}{R_B} + \frac{\dot{U}_i}{r_{be} + (1+\beta)R_L'}$$

所以射极输出器的输入电阻为

$$r_i = \frac{\dot{U}_i}{\dot{I}_i} = R_B \mathbin{/\mkern-5mu/} [r_{be} + (1+\beta)R_L'] \quad (2.27)$$

通常 R_B 值很大（几十千欧至几百千欧），$[r_{be} + (1+\beta)R_L']$ 也远大于共发射极电路的输入电阻。因此，射极输出器的输入电阻很高，可达几十千欧到几百千欧。所以射极输出器常作为多级放大电路中的输入级，以提高输入电压 $\dot{U}_i$，降低输入电流，减小信号源的负担。

3. 输出电阻 r_o

将负载电阻 R_L 断开，从输出端口看进去，按照定义需要计算开路电压 $\dot{U}_{oc}$ 和短路电流 $\dot{I}_{sc}$。

由于 R_B 远大于信号源内阻 R_S 及 r_{be}，为了简化计算，忽略 R_B 支路的分流作用，则输出端开路时的电路如图 2.27（a）所示，此时输出端开路时的电压为

$$\dot{U}_{oc} = \dot{I}_e R_E = (1+\beta)\dot{I}_b R_E$$

因为 $\dot{U}_S = \dot{I}_b R_S + \dot{I}_b r_{be} + (1+\beta)\dot{I}_b R_E$，即 $\dot{I}_b = \dfrac{\dot{U}_S}{R_S + r_{be} + (1+\beta)R_E}$，所以

$$\dot{U}_{oc} = (1+\beta)R_E \frac{\dot{U}_S}{R_S + r_{be} + (1+\beta)R_E}$$

输出端短路时的电路如图 2.27（b）所示，此时输出端短路时的电流为

$$\dot{I}_{sc} = \dot{I}_e = (1+\beta)\dot{I}_b = (1+\beta)\frac{\dot{U}_S}{R_S + r_{be}}$$

所以射极输出器的输出电阻为

$$r_{\text{o}} = \frac{\dot{U}_{\text{oc}}}{\dot{I}_{\text{sc}}} = \frac{(1+\beta)R_{\text{E}} \cdot \dfrac{\dot{U}_{\text{S}}}{R_{\text{S}} + r_{\text{be}} + (1+\beta)R_{\text{E}}}}{(1+\beta)\dfrac{\dot{U}_{\text{S}}}{R_{\text{S}} + r_{\text{be}}}} = \frac{(R_{\text{S}} + r_{\text{be}})R_{\text{E}}}{R_{\text{S}} + r_{\text{be}} + (1+\beta)R_{\text{E}}}$$

$$= \frac{\dfrac{R_{\text{S}} + r_{\text{be}}}{1+\beta} \cdot R_{\text{E}}}{\dfrac{R_{\text{S}} + r_{\text{be}}}{1+\beta} + R_{\text{E}}} = \frac{R_{\text{S}} + r_{\text{be}}}{1+\beta} \mathbin{/\!/} R_{\text{E}} \qquad (2.28)$$

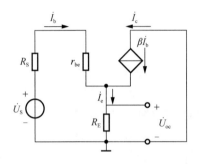 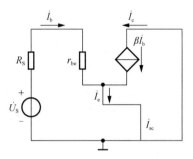

（a）输出端开路电压　　　　　　　　　　　（b）输出端短路电流

图 2.27　计算输出电阻的等效电路

通常 $R_{\text{E}} \gg \dfrac{R_{\text{S}} + r_{\text{be}}}{1+\beta}$，故式（2.28）可简化为

$$r_{\text{o}} \approx \frac{R_{\text{S}} + r_{\text{be}}}{1+\beta} \qquad (2.29)$$

输出电阻的计算也可以采用外加电压法，如图 2.28 所示。

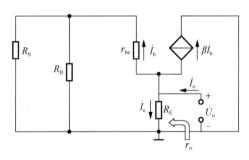

图 2.28　外加电压法计算输出电阻的等效电路

将信号源短路，保留其内阻 R_{S}，R_{S} 与 R_{B} 并联，设并联后的等效电阻为 R'_{S}。将负载电阻 R_{L} 断开，加一交流电压 $\dot{U}_{\text{o}}$，产生电流 $\dot{I}_{\text{o}}$，则有

$$\dot{I}_{\text{o}} = \dot{I}_{\text{b}} + \beta\dot{I}_{\text{b}} + \dot{I}_{\text{e}} = \frac{\dot{U}_{\text{o}}}{R'_{\text{S}} + r_{\text{be}}} + \beta\frac{\dot{U}_{\text{o}}}{R'_{\text{S}} + r_{\text{be}}} + \frac{\dot{U}_{\text{o}}}{R_{\text{E}}}$$

$$r_{\mathrm{o}} = \frac{\dot{U}_{\mathrm{o}}}{\dot{I}_{\mathrm{o}}} = \frac{1}{\dfrac{1+\beta}{R'_{\mathrm{S}}+r_{\mathrm{be}}}+\dfrac{1}{R_{\mathrm{E}}}} = \frac{(R'_{\mathrm{S}}+r_{\mathrm{be}})R_{\mathrm{E}}}{(R'_{\mathrm{S}}+r_{\mathrm{be}})+(1+\beta)R_{\mathrm{E}}}$$

通常 $(1+\beta)R_{\mathrm{E}} \gg (R'_{\mathrm{S}}+r_{\mathrm{be}})$，所以

$$r_{\mathrm{o}} \approx \frac{R'_{\mathrm{S}}+r_{\mathrm{be}}}{1+\beta} \tag{2.30}$$

当 R_{B} 远大于信号源内阻 R_{S} 时，有

$$r_{\mathrm{o}} \approx \frac{R_{\mathrm{S}}+r_{\mathrm{be}}}{1+\beta}$$

得到和式（2.29）相同的结论。

通常，信号源内阻 R_{S} 值很小，r_{be} 也不大，所以射极输出器的输出电阻比共发射极电路的输入电阻小很多，一般为几十欧左右。由于它的输出电阻很低，因此，射极输出器常用于多级放大电路的输出级，以提高放大电路带负载的能力，增强输出电压的稳定性。

另外，射极输出器也常用于多级放大电路的中间级，起阻抗转换作用，减少前后级的影响。其高输入电阻相当于前级的负载，因此可以提高前级的放大倍数，对后级放大电路来说，其低输出电阻相当于后级的信号源内阻，为后级提供更高的输入电压。详见下一节多级放大电路的分析。

例 2.5　如图2.24所示的射极输出器，已知 R_{S}=1kΩ,R_{B}=240kΩ,R_{E}=R_{L}=4kΩ,U_{BE}=0.6V, β=50,U_{CC}=12V。（1）求静态工作点；（2）求电压放大倍数；（3）求放大电路的输入电阻和输出电阻；（4）若信号源的电压 u_{s}=4sinωt mV，求输出电压 u_{o}。

解：（1）静态工作点 Q 为

$$I_{\mathrm{B}} = \frac{U_{\mathrm{CC}}-U_{\mathrm{BE}}}{R_{\mathrm{B}}+(1+\beta)R_{\mathrm{E}}} = \frac{12-0.6}{240+(1+50)\times 4} \approx 25.68\mu\mathrm{A}$$

$$I_{\mathrm{C}} = \beta I_{\mathrm{B}} = 50\times 25.68 = 1.28\mathrm{mA} \approx I_{\mathrm{E}}$$

$$U_{\mathrm{CE}} = U_{\mathrm{CC}}-I_{\mathrm{E}}R_{\mathrm{E}} = 12-1.28\times 4 = 6.88\mathrm{V}$$

（2）
$$r_{\mathrm{be}} = 200+(1+\beta)\frac{26}{I_{\mathrm{E}}} = 200+51\times\frac{26}{1.28} \approx 1.24\mathrm{k\Omega}$$

$$R'_{\mathrm{L}} = R_{\mathrm{E}} /\!/ R_{\mathrm{L}} = 4 /\!/ 4 = 2\mathrm{k\Omega}$$

电压放大倍数为

$$A_{\mathrm{u}} = \frac{(1+\beta)R'_{\mathrm{L}}}{r_{\mathrm{be}}+(1+\beta)R'_{\mathrm{L}}} = \frac{(1+50)\times 2}{1.24+(1+50)\times 2} \approx 0.99 \approx 1$$

（3）放大电路的输入电阻和输出电阻分别为

$$r_{\mathrm{i}} = R_{\mathrm{B}} /\!/ [r_{\mathrm{be}}+(1+\beta)R'_{\mathrm{L}}] = 240 /\!/ [1.24+(1+50)\times 2] \approx 72.19\mathrm{k\Omega}$$

$$r_{\mathrm{o}} = \frac{R_{\mathrm{S}}+r_{\mathrm{be}}}{1+\beta} /\!/ R_{\mathrm{E}} = \frac{1+1.24}{1+50} /\!/ 4 \approx 0.044\mathrm{k\Omega} = 44\Omega$$

或者

$$r_{\mathrm{o}} \approx \frac{R_{\mathrm{S}}+r_{\mathrm{be}}}{1+\beta} \approx 44\Omega$$

（4）

$$u_{\mathrm{i}} = \frac{r_{\mathrm{i}}}{r_{\mathrm{i}} + R_{\mathrm{S}}} \cdot u_{\mathrm{s}} = \frac{72.19}{72.19 + 1} \times 4\sin\omega t \approx 3.9\sin\omega t \ \mathrm{mV}$$

所以

$$u_{\mathrm{o}} \approx u_{\mathrm{i}} = 3.9\sin\omega t \ \mathrm{mV}$$

2.5　单级放大电路的频率特性

在实际应用中，放大电路的输入信号常常不是单一频率的正弦波，而是含有不同频率的谐波。若放大电路对信号中各个频率成分放大的程度不一样，那么不同频率的谐波就会得到不同的放大效果，于是会造成输出波形的所谓频率失真。由于放大电路中有耦合电容、射极旁路电容及晶体管的结电容等，它们的容抗将随频率的变化而变化。因此，对于不同频率的信号，放大电路在放大幅度和相位关系上都会有所不同，因此电压放大倍数是频率的函数。放大电路的频率特性可用下式表示：

$$A_{\mathrm{u}} = A_{\mathrm{u}}(f)\angle\varphi(f)$$

式中，$A_{\mathrm{u}}(f)$ 表示电压放大倍数的模和频率的关系，称为幅频特性；$\varphi(f)$ 表示放大电路输出电压与输入电压之间的相位差与频率的关系，称为相频特性，两者综合起来可全面表征放大电路的频率特性。

单级阻容耦合放大电路的频率特性如图 2.29 所示。

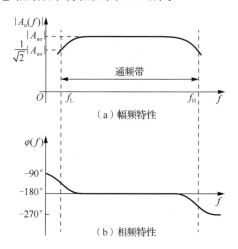

图 2.29　单级阻容耦合放大电路的频率特性

在中间一段频率范围（称中频段）内，由于放大电路中各种电容所起的分压、分流作用可以忽略，电压放大倍数最大（$|A_{\mathrm{uo}}|$），而且不随信号频率变化，输出信号电压在相位上滞后于输入信号电压 $180°$。在中频段以外，随着频率的降低或升高，电压放大倍数都要减小，相位移也要发生变化。

为便于说明问题，把频率范围分为低频段、中频段和高频段分别加以讨论。下面以图 2.30 的单级阻容耦合放大电路来说明。

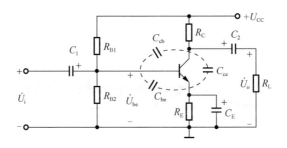

图 2.30　单级阻容耦合放大电路

（1）中频段。由于耦合电容 C_1、C_2 和旁路电容 C_E 的容量很大，它们对中频信号来说容抗很小，故可视为短路；晶体管结电容容量很小，在中频段内容抗很大，可视为开路。因此，中频段的电压放大倍数与频率无关，且输出电压与输入电压的相位差为 $180°$。前面所讲的放大电路的微变等效电路和电压放大倍数都是针对中频段来说的。

（2）低频段。由于信号频率很低，晶体管结电容的容抗比中频段更大，其对低频段的影响比对中频段的影响还要小，仍可视为开路。但耦合电容 C_1、C_2 和旁路电容 C_E 对信号的容抗增大，其分压作用不可忽略，于是可得出如图 2.31 的低频段微变等效电路。

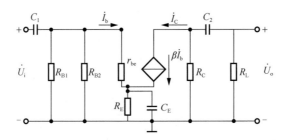

图 2.31　放大电路低频段微变等效电路

由于输入电压的一部分降落在 C_1 两端，因此加到晶体管基-射极之间的电压小于输入电压。而由于 C_2 对输出信号的分压作用，又使输出电压进一步减小，所以频率愈低电压放大倍数愈小。C_1 和 C_2 的另一个作用是使输入回路和输出回路成为容性电路，因此产生附加相位移，使输出电压与输入电压的相位差偏离 $180°$。另外，发射极旁路电容 C_E 在低频段的容抗增大，它与 R_E 并联，它们对交流信号的负反馈作用不能忽略，这也使电压放大倍数降低。

（3）高频段。耦合电容 C_1、C_2 和旁路电容 C_E 的容抗更小，均可视为短路而不予考虑。而晶体管结电容的容抗因频率升高而容抗减小，不能再视为开路，其分流作用不可忽略。在高频段使电压放大倍数降低的主要原因是晶体管结电容、导线分布电容及负载输入电容的影响。另一个原因是随着频率增高，电流放大系数 β 要降低。因此，在高频段电压放大倍数要减小，输出电压和输入电压之间的相位移以中频段为基础发生滞后。频率越高，滞后的角度越大，滞后的最大相移为 $90°$。

2.6　放大电路中的反馈

在模拟电子电路中，反馈得到了广泛应用。在放大电路中采用负反馈是为了改善其工作性能，如稳定放大倍数、展宽通频带、改善波形失真，以及改变输入电阻、输出电阻等。

2.6.1　反馈的基本概念

反馈就是将放大电路的输出量（电压或电流），通过某种电路（称为反馈网络）传送到放大电路的输入回路。

若反馈信号与原输入信号是相减的关系，削弱了净输入信号而使放大电路的电压放大倍数下降，则称其为负反馈；反之，若反馈信号与原输入信号是相加的关系，使净输入信号增强而使电压放大倍数增加，则称其为正反馈。图 2.32（a）为无反馈放大电路框图，图 2.32（b）为有负反馈的放大电路框图。

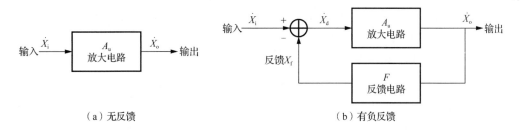

（a）无反馈　　　　　　　　　　　（b）有负反馈

图 2.32　放大电路框图

设放大电路的输入、输出及反馈信号均为正弦量，并用相量表示，它们可以是电压，也可以是电流。图中箭头表示信号传递方向，符号 $\oplus$ 表示比较环节，放大电路的净输入信号为

$$\dot{X}_d = \dot{X}_i - \dot{X}_f$$

若三者同相，则

$$X_d = X_i - X_f$$

此时 $X_d < X_i$，即反馈信号使净输入信号减小，因此是负反馈。

在图 2.32 中，无反馈时的放大倍数，又称开环电压放大倍数，为

$$A_u = \frac{\dot{X}_o}{\dot{X}_i} = \frac{\dot{X}_o}{\dot{X}_d}$$

有负反馈时的放大倍数，又称闭环电压放大倍数，为

$$A_{uf} = \frac{\dot{X}_o}{\dot{X}_i} = \frac{\dot{X}_o}{\dot{X}_d + \dot{X}_f} = \frac{\dot{X}_o}{\dot{X}_d + F\dot{X}_o} = \frac{\dfrac{\dot{X}_o}{\dot{X}_d}}{1 + F\dfrac{\dot{X}_o}{\dot{X}_d}} = \frac{A_u}{1 + FA_u}$$

反馈电路的反馈系数为

$$F = \frac{\dot{X}_f}{\dot{X}_o}$$

2.6.2　反馈性质的分析

针对不同的应用场合，可采用不同类型的负反馈。根据反馈信号采样方式的不同，分为电压反馈和电流反馈，若反馈信号取自输出电压，则称为电压反馈；若反馈信号取自输出电流，则称为电流反馈。根据反馈信号与输入信号在放大电路输入端的连接方式的不同，分为串联反馈和并联反馈，从输入回路看，如果反馈信号与输入信号串联，则称为串联反馈。串联反馈输入信号与反馈信号总是以电压形式在输入端做比较；若反馈信号与输入信号并联，则称为并联反馈。并联反馈输入信号与反馈信号总是以电流形式在输入端做比较。若放大电路的直流通路中存在反馈通路，则可判断存在直流反馈；若其交流通路中存在反馈通路，则存在交流反馈。

例 2.6　分析图 2.33（a）电路的反馈性质。

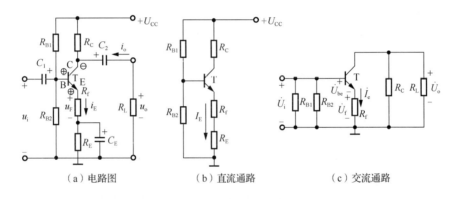

（a）电路图　　　　　（b）直流通路　　　　　（c）交流通路

图 2.33　电流串联负反馈放大电路

解：（1）交流反馈和直流反馈的判别。图 2.33（a）放大电路中，流过射极总电流为 $i_E = I_E + i_e$。射极电路有一个没带旁路电容的电阻 R_f，射极总电流 i_E 在 R_f 上产生压降为 $u_F = i_E \cdot R_f = (I_E + i_e)R_f = I_E R_f + i_e R_f$，$I_E R_f$ 为直流压降，$i_e R_f$ 为交流压降。而 R_E 有旁路电容 C_E，射极电流中的交流分量 i_e 几乎全部通过 C_E。对 i_e 来说，R_E 被 C_E 短接，R_E 上不产生交流压降，只有直流压降 $I_E R_E$。该电路的直流通路如图 2.33（b）所示，从直流分量 I_E 看，R_f 与 R_E 串联，$I_E(R_f + R_E)$ 构成直流反馈电压。该电路的交流通路如图 2.33（c）所示。电阻 R_f 既在输入回路，也在输出回路中，交流输出量 $\dot{I}_e R_f$ 回馈到基极-发射极输入回路中，构成交流反馈电压。本节主要讨论交流反馈。

（2）正反馈和负反馈的判别。判别正、负反馈一般采用瞬时极性法。具体做法是：首先假设输入信号在某一瞬时的极性，然后以此为依据逐级推出电路其他各点在该瞬时的极性，从而得出反馈信号的极性，最后看净输入信号是增强还是减弱，以判断反馈的正负。

设图 2.33（a）电路的输入端基极信号电位为正（图中用⊕号表示），而集电极信号电位的瞬时极性和它相反为负，接 R_f 的发射极信号瞬时极性与它相同为正。

由图 2.33（c）的输入回路可见 $\dot{U}_{be} = \dot{U}_i - \dot{U}_f$，而且，当 $\dot{U}_i$ 为正极性时，$\dot{U}_f$、$\dot{U}_{be}$ 也为正极性，即三者相位相同，故 $U_{be} = U_i - U_f$，由此可见，净输入信号受到削弱，因此是负反馈。

（3）电压反馈和电流反馈的判别。若反馈信号与输出端负载电压成正比，则称为电压反馈；若反馈信号与输出端负载电流成正比，则称为电流反馈。判别这两种反馈时，可将放大电路的输出端短路，如果短路后反馈信号（电压或电流）消失，则为电压反馈，否则为电流反馈。

由图 2.33（c）的输出回路可见 $\dot{U}_f = \dot{I}_e R_f$，即 $\dot{U}_f$ 和 $\dot{I}_e$ 成正比，如果把 R_L 短路时，反馈信号 $\dot{U}_f$ 仍然存在，因此是电流反馈。

（4）串联反馈和并联反馈的判别。由图 2.33（c）的输入回路看，输入信号 $\dot{U}_i$ 和反馈信号 $\dot{U}_f$ 串联起来作用在放大电路的输入端，它们以电压形式进行比较，因此是串联反馈。

综合上述分析，图 2.33（a）电路是电流串联负反馈放大电路。

下面通过对具体电路的分析和计算，简要说明负反馈放大电路的某些性能。

例 2.7　在图 2.33 的电流串联负反馈放大电路中，$R_{B1} = 20\text{k}\Omega, R_{B2} = 10\text{k}\Omega$，$R_f = 0.2\text{k}\Omega$，$R_E = 1.8\text{k}\Omega, R_C = R_L = 2\text{k}\Omega, \beta = 50, r_{be} = 1\text{k}\Omega, U_{CC} = 12\text{V}$，求：（1）闭环电压放大倍数 A_{uf}；（2）输入电阻 r_{if}；（3）输出电阻 r_o。

解：图 2.33 电路的微变等效电路如图 2.34 所示。

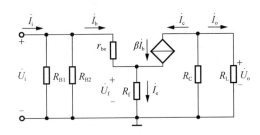

图 2.34　图 2.33 电路的微变等效电路

（1）由微变等效电路可以写出

$$\dot{U}_i = \dot{I}_b r_{be} + \dot{I}_e R_f = \dot{I}_b r_{be} + (1+\beta)\dot{I}_b R_f$$

$$\dot{U}_o = -\dot{I}_c \frac{R_C R_L}{R_C + R_L} = -\dot{I}_c R_L'$$

故

$$A_{uf} = \frac{\dot{U}_o}{\dot{U}_i} = \frac{-\dot{I}_C R_L'}{\dot{I}_b r_{be} + (1+\beta)\dot{I}_b R_f} = -\frac{\beta R_L'}{r_{be} + (1+\beta)R_f}$$

而无负反馈时放大电路的电压放大倍数为

$$A_u = -\frac{\beta R'_L}{r_{be}} \tag{2.31}$$

很明显，$|A_u| > |A_{uf}|$。由此可见，负反馈降低了放大电路的电压放大倍数。由已知的电路参数来看，$(1+\beta)R_f \gg r_{be}$，$\beta \approx 1+\beta$，故式（2.31）可化简为

$$A_{uf} = -\frac{R'_L}{R_f}$$

即 A_{uf} 的大小基本上不受晶体管参数的影响，因此电压放大倍数比较稳定。可见负反馈放大电路的稳定性提高了。将数据代入式（2.31）得

$$A_{uf} = -\frac{50 \times \dfrac{2 \times 2}{2 + 2}}{1 + (1+50) \times 0.2} \approx -4.5$$

（2）在输入回路中，

$$\dot{U}_i = \dot{I}_b \left[r_{be} + (1+\beta)R_f \right]$$

$$\dot{I}_b = \frac{\dot{U}_i}{r_{be} + (1+\beta)R_f}$$

$$\dot{I}_i = \dot{I}_b + \frac{\dot{U}_i}{R'_B}$$

式中，

$$R'_B = \frac{R_{B1} R_{B2}}{R_{B1} + R_{B2}}$$

由上式可得电流串联负反馈的输入电阻（又称闭环输入电阻）为

$$r_{if} = \frac{\dot{U}_i}{\dot{I}_i} = \frac{\dot{U}_i}{\dfrac{\dot{U}_i}{R'_B} + \dfrac{\dot{U}_i}{r_{be} + (1+\beta)R_f}} = \frac{1}{\dfrac{1}{R'_B} + \dfrac{1}{r_{be} + (1+\beta)R_f}} = \frac{R'_B \left[r_{be} + (1+\beta)R_f \right]}{R'_B + \left[r_{be} + (1+\beta)R_f \right]}$$

无反馈时的输入电阻为

$$r_i = \frac{R'_B r_{be}}{R'_B + r_{be}}$$

可见电流串联负反馈放大电路的输入电阻增大了，因而信号源内阻对放大器影响减小了。代入数据得

$$r_{if} = \frac{\dfrac{20 \times 10}{20 + 10} \times [1 + (1+50) \times 0.2]}{\dfrac{20 \times 10}{20 + 10} + [1 + (1+50) \times 0.2]} \approx 4.2 \text{k}\Omega$$

（3） $$r_o = R_C = 2 \text{k}\Omega$$

在放大电路中经常利用负反馈来改善电路的工作性能，负反馈对放大电路性能的改善是以降低电压放大倍数为代价的。引入负反馈后，放大倍数降低了。$(1 + A_u F)$ 称为反馈深度，其值越大，负反馈作用越强，$|A_{uf}|$ 也就越小。引入负反馈后，虽然放大倍数降

低了，但在很多方面改善了放大电路的工作性能，比如提高放大倍数的稳定性、改善波形失真、展宽通频带等。在振荡电路中则采用正反馈。

2.7　多级放大电路

2.7.1　多级放大电路的组成及耦合方式

实际应用中放大电路的输入信号很微弱，只有微伏级或毫伏级。由于单级放大电路的放大倍数有限，通常不能满足实际要求，因此，需要把几个单级放大电路连接起来，组成多级放大电路，其框图如图 2.35 所示。通常把与信号源连接的第一级放大电路称为输入级，与负载连接的输出级放大电路称为末级。信号源的微弱信号经输入级和中间级放大后，可以得到足够的电压信号，再经过末前级和末级的功率放大，以得到负载所需要的功率。

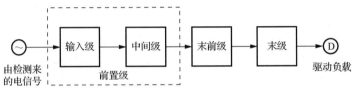

图 2.35　多级放大电路的框图

多级放大电路中级与级之间的连接方式称为耦合。常用的耦合方式有三种：阻容耦合、直接耦合和变压器耦合。变压器耦合目前很少用，下面主要介绍前两种耦合方式。

1. 阻容耦合

阻容耦合是指级与级之间通过电容连接，如图 2.36 所示，其中，两极之间的电容 C_2 和后级放大电路的输入电阻 r_{i2} 构成两级之间的阻容耦合。特点是只能放大和传递交流信号。为减小交流信号在电容上的传输损失，耦合电容要做得足够大，常采用电解电容，不利于集成化，所以阻容耦合方式很难在集成电路中采用，而在分立元件多级放大电路中被广泛使用。阻容耦合方式的优点是各级静态工作点彼此独立、互不影响，便于单独调试；缺点是不能放大直流信号或变化缓慢的信号。

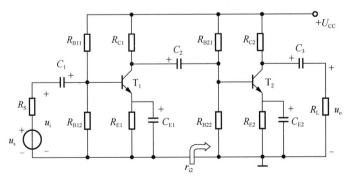

两级阻容耦合交流放大电路

图 2.36　两级阻容耦合交流放大电路

2. 直接耦合

直接耦合是指级与级之间直接用导线连接。图 2.37（a）是两级直接耦合放大电路。优点是既可以放大交流信号，也可以放大直流信号或变化缓慢的信号。无须大的耦合电容，便于集成化，所以直接耦合方式在集成放大电路中被广泛使用。缺点是各级静态工作点相互影响，不便调试。另外，这种直接耦合会产生严重的零点漂移现象。

如图 2.37（a）所示，当放大电路没有输入信号（$u_i = 0$）时，由于晶体管参数受温度等因素影响或电源电压波动等，静态工作点不稳定，再经过逐级放大，在输出端会出现变化缓慢的输出电压，产生偏离初始值的变化量，如图 2.37（b）所示，即输出电压有漂移，不会稳定在初始值，这种现象称为零点漂移。漂移严重时会淹没输入信号，影响放大电路的正常工作。抑制零点漂移的有效方法就是采用差动放大电路，将在下一节详细讨论。

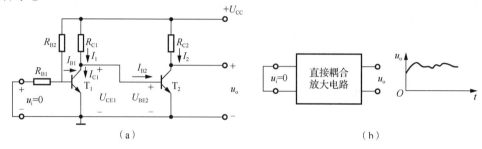

图 2.37　直接耦合放大电路及其零点漂移现象

2.7.2　多级放大电路动态参数的分析

单级放大电路可以用一个含有受控源的双端口网络来等效，输入端口相当于一个电阻，获取输入电压信号；输出端口相当于一个信号源驱动负载。图 2.38 是多级放大电路动态参数分析示意图。由此来计算多级放大电路的电压放大倍数、输入电阻和输出电阻等动态参数。

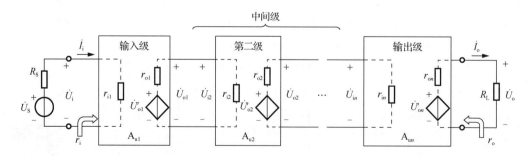

图 2.38　多级放大电路动态参数分析示意图

1. 电压放大倍数 A_u

由图 2.38 可以看出，前一级的输出电压就是后一级的输入电压，如 $\dot{U}_{o1} = \dot{U}_{i2}$。若有

n 级放大电路，则多级放大电路的电压放大倍数为

$$A_u = \frac{\dot{U}_o}{\dot{U}_i} = \frac{\dot{U}_{o1}}{\dot{U}_i} \cdot \frac{\dot{U}_{o2}}{\dot{U}_{i2}} \cdots \cdot \frac{\dot{U}_o}{\dot{U}_{in}} = A_{u1} \cdot A_{u2} \cdots A_{un} \qquad (2.32)$$

即总的电压放大倍数等于各级电压放大倍数的乘积。

在计算前几级电压放大倍数时，应当注意：前一级放大电路作为后一级放大电路的信号源，后一级放大电路的输入电阻也就是前一级放大电路的负载电阻，如 $R_{L1} = r_{i2}$，$R_{L2} = r_{i3}, \cdots$，该电阻越大，前一级放大电路的电压放大倍数就越大。由图 2.38 还可以看出，最后一级的电压放大倍数与单级放大电路的计算方法相同。

2. 输入电阻 r_i

从图 2.38 的输入端口看进去，多级放大电路的输入电阻就是第一级的输入电阻：

$$r_i = \frac{\dot{U}_i}{\dot{I}_i} = r_{i1} \qquad (2.33)$$

因射极输出器的输入电阻很高，常作为多级放大电路中的输入级，以提高输入电压 $\dot{U}_i$，降低输入电流 $\dot{I}_i$。当射极输出器作为第一级时，注意其输入电阻与它的负载有关，这个负载就是第二级的输入电阻。

3. 输出电阻 r_o

从图 2.38 的输出端口看进去，多级放大电路的输出电阻就是最后一级的输出电阻：

$$r_o = r_{on} \qquad (2.34)$$

因射极输出器的输出电阻很低，常作为多级放大电路中的输出级，以提高输出电压 $\dot{U}_o$ 的稳定性。当射极输出器作为最后一级时，注意其输出电阻与它的信号源内阻有关，这个信号源内阻就是前一级的输出电阻。

2.7.3　阻容耦合两级放大电路的计算

阻容耦合两级放大电路如图 2.39（a）所示，其中第一级为固定偏置式放大电路，第二级为分压式偏置共发射极放大电路。

由于电容 C_1、C_2 和 C_3 隔直流，对直流分量相当于断路，所以两级的静态工作点 Q_1、Q_2 互相独立，按照各自的直流通路分别计算。各电容对交流分量相当于短路，因此它的微变等效电路如图 2.39（b）所示。由微变等效电路可以求出此两级放大电路的动态参数：总的电压放大倍数为 $A_u = A_{u1} \cdot A_{u2}$，计算 A_{u1} 时注意 $R_{L1} = r_{i2}$；总的输入电阻就是第一级的输入电阻，即 $r_i = r_{i1} = R_{B1} \text{ // } r_{be1}$；总的输出电阻就是第二级的输出电阻，即 $r_o = r_{o2} = R_{C2}$。

例 2.8　如图 2.39（a）所示的两级放大电路，已知参数为 $U_{CC} = 12\text{V}, \beta_1 = 50, \beta_2 = 80$，$U_{BE1} = U_{BE2} = 0.6\text{V}, R_{B1} = 600\text{k}\Omega, R_{C1} = 7.5\text{k}\Omega, R_{B21} = 45\text{k}\Omega, R_{B22} = 15\text{k}\Omega, R_{C2} = 2\text{k}\Omega, R_{E2} = 1.2\text{k}\Omega$，$R_L = 3.9\text{k}\Omega$。（1）估算各级静态工作点；（2）求晶体管的输入电阻；（3）求各级电压放大倍数和总电压放大倍数；（4）求放大电路的输入电阻和输出电阻。

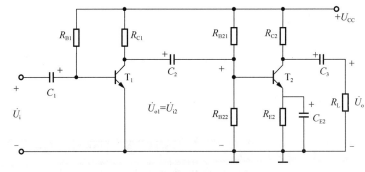

（a）阻容耦合两级放大电路

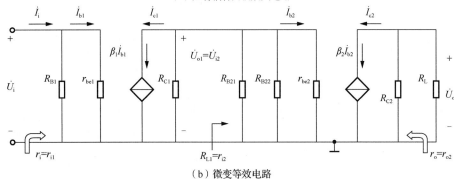

（b）微变等效电路

图 2.39　阻容耦合两级放大电路及其微变等效电路

解：（1）第一级的静态工作点 Q_1 为

$$I_{B1} = \frac{U_{CC} - U_{BE1}}{R_{B1}} = \frac{12 - 0.6}{600} = 0.019\text{mA} = 19\mu\text{A}$$

$$I_{C1} = \beta_1 I_{B1} = 50 \times 0.019 = 0.95\text{mA}$$

$$U_{CE1} = U_{CC} - I_{C1}R_{C1} = 12 - 0.95 \times 7.5 = 4.875\text{V}$$

第二级的静态工作点 Q_2 为

$$U_{B2} = \frac{R_{B22}}{R_{B21} + R_{B22}} U_{CC} = \frac{15}{45 + 15} \times 12 = 3\text{V}$$

$$I_{C2} \approx I_{E2} = \frac{U_{B2} - U_{BE2}}{R_{E2}} = \frac{3 - 0.6}{1.2} = 2\text{mA} \; , \; I_{B2} = \frac{I_{C2}}{\beta_2} = \frac{2}{80} = 0.025\text{mA} = 25\mu\text{A}$$

$$U_{CE2} = U_{CC} - I_{C2}R_{C2} - I_{E2}R_{E2} \approx 12 - 2 \times (2 + 1.2) = 5.6\text{V}$$

（2）晶体管的输入电阻为

$$r_{be1} = 200 + (1 + \beta_1)\frac{26}{I_{E1}} = 200 + 51 \times \frac{26}{0.95} \approx 1596\Omega \approx 1.60\text{k}\Omega$$

$$r_{be2} = 200 + (1 + \beta_2)\frac{26}{I_{E2}} = 200 + 81 \times \frac{26}{2} = 1253\Omega \approx 1.25\text{k}\Omega$$

（3）$\qquad\qquad\qquad A_{u1} = -\frac{\beta_1 R'_{L1}}{r_{be1}} = -\frac{50 \times 1.03}{1.60} \approx -32.19$

$$R'_{L1} = R_{C1} \mathbin{/\!/} R_{L1} = \frac{7.5 \times 1.2}{7.5 + 1.2} \approx 1.03 \mathrm{k}\Omega$$

$$R_{L1} = r_{i2}$$

$$r_{i2} = R_{B21} \mathbin{/\!/} R_{B22} \mathbin{/\!/} r_{be2} = \frac{R_{B21} \times R_{B22}}{R_{B21} + R_{B22}} \mathbin{/\!/} r_{be2} = 11.25 \mathbin{/\!/} 1.25 \approx 1.13 \mathrm{k}\Omega$$

$$A_{u2} = -\frac{\beta_2 R'_{L2}}{r_{be2}} = -\frac{80 \times 1.32}{1.25} \approx -84.48$$

$$R'_{L2} = R_{C2} \mathbin{/\!/} R_L = \frac{2 \times 3.9}{2 + 3.9} \approx 1.32 \mathrm{k}\Omega$$

故总的电压放大倍数为

$$A_u = A_{u1} \cdot A_{u2} = (-32.19) \cdot (-84.48) \approx 2719$$

两级总电压放大倍数为正数，这表明 $\dot{U}_o$ 与 $\dot{U}_i$ 同相。

（4）两级放大电路的输入电阻为

$$r_i = r_{i1} = R_{B1} \mathbin{/\!/} r_{be1} \approx r_{be1} = 1.6 \mathrm{k}\Omega$$

两级放大电路的输出电阻为

$$r_o = r_{o2} = R_{C2} = 2 \mathrm{k}\Omega$$

2.8　差动放大电路

2.8.1　差动放大电路对零点漂移的抑制

　　差动放大电路主要利用对称性原理抑制零点漂移，在直接耦合多级放大电路中得到了广泛应用，通常用在多级放大电路的第一级，是集成运算放大器的主要组成单元。

　　图 2.40 是基本差动放大电路。从结构上看，电路两边完全对称。不但对应的电阻元件参数相等，而且晶体管的型号和参数也相同。电路有两个输入端 u_{i1}、u_{i2}，有两个输出端 u_{o1}、u_{o2}，输出电压 $u_o = u_{o1} - u_{o2}$。

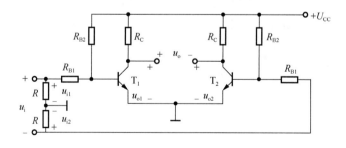

图 2.40　基本差动放大电路

　　由于差动放大电路中 T_1 和 T_2 所组成的单级放大电路是对称的，对电源来说并联工作，静态分析时可按单管放大电路处理。由于电路两边完全对称，所以静态工作点相同，即

$$I_{B1} = I_{B2}$$
$$I_{C1} = I_{C2}$$
$$U_{C1} = U_{C2}$$

当温度升高时，由于两管特性一致，集电极电流同时增加，且

$$u_o = \Delta U_{C1} - \Delta U_{C2} = 0$$

此时，虽然两个管子都产生了零点漂移，但由于是同向等量的漂移，所以两个管子的集电极点位仍然相等，则输出电压仍然为零，因此这种电路对零点漂移有很强的抑制作用。

同理，该电路对于由电源电压波动、元件参数变化等原因所引起的漂移也同样有良好的抑制作用。

2.8.2 差动放大电路的工作原理

差动放大电路有两个输入端 u_{i1}、u_{i2}，根据两端输入信号的大小和极性，可分成下述三种情况。

（1）共模信号输入，即 $u_{i1}=u_{i2}$，两个信号大小相等、极性相同，称为共模信号。此时由于电路的对称性 $u_{o1}=u_{o2}$，所以 $u_o=u_{o1}-u_{o2}=0$。可见，差动放大电路对共模信号没有放大作用，即共模电压放大倍数 $A_c = 0$。

各种干扰信号，包括温度变化、电源波动等，由于它们对电路两边的影响是相同的，因此这些零漂信号都可以看成是共模信号，放大倍数为零，这说明差动放大电路有很强的抑制零点漂移的能力。

（2）差模信号输入，即 $u_{i1}=-u_{i2}$，两个信号大小相等、极性相反，称为差模信号。

由图 2.40 可见，放大电路两边参数对称，$u_i = u_{i1} - u_{i2} = 2u_{i1}$，$u_o = u_{o1} - u_{o2} = 2u_{o1}$，因此差模电压放大倍数 $A_d = \dfrac{u_o}{u_i} = \dfrac{u_{o1}}{u_{i1}} = A_{u1}$。由此可见，差模电压放大倍数与单管放大电路的电压放大倍数相同。

（3）双端差动输入，即两个输入信号的大小、极性都任意。此时可以将输入信号分解为共模分量 u_c 和差模分量 u_d，即

$$u_c = \frac{u_{i1} + u_{i2}}{2}$$

$$u_d = \frac{u_{i1} - u_{i2}}{2}$$

则两个输入信号可以写成

$$u_{i1} = u_c + u_d$$

$$u_{i2} = u_c - u_d$$

于是信号 u_{i1}、u_{i2} 分解为两组输入：一组是共模输入 $u_{c1} = u_{c2} = u_c$；另一组是差模输入 $u_{d1} = -u_{d2} = u_d$。由上面分析得知，该电路对共模信号无放大能力，所以输出信号完全是由差模信号引起的，而且输入电压 $u_i = u_{i1} - u_{i2} = u_{d1} - u_{d2}$，故此时电压放大倍数就是差模输入时的电压放大倍数，即

$$A_u = \frac{u_{o1} - u_{o2}}{u_{i1} - u_{i2}} = A_d \qquad (2.35)$$

可见，差动放大电路放大的是两个输入信号的差，只有当两个输入端的输入信号有差值时才进行放大，输出信号才有变动，所以称差动放大。差动放大电路将两个输入端的电压差放大后加到负载两端，则差动放大电路的输出电压为

$$u_o = A_u(u_{i1} - u_{i2}) \qquad (2.36)$$

由此可以看出，当输入电压 $u_{i2} = 0$ 时，输出电压 u_o 与输入电压 u_{i1} 同相，称 u_{i1} 端为同相输入端；当输入电压 $u_{i1} = 0$ 时，输出电压 u_o 与输入电压 u_{i2} 反相，称 u_{i2} 端为反相输入端；当输入电压 u_{i1}、u_{i2} 都不为 0 时，称双端差动输入，输出电压与输入电压的相位关系，由差值 $u_{i1} - u_{i2}$ 来决定。

2.9　功率放大电路

2.9.1　功率放大电路概述

电压放大电路是工作在小信号状态下，放大的只是输入电压的幅度，而功率放大电路是工作在大信号状态下，不仅输出大电压，还要输出大电流，目的是输出足够大的功率，以便驱动负载工作。功率放大电路在音响系统、自动控制、测量等领域中广泛应用。

传统的功率放大电路往往采用变压器耦合方式，便于实现阻抗匹配，但有体积大、笨重、不易集成等缺点。目前的发展趋势是采用无输出变压器（output transformer less，OTL）的功率放大电路和无输出电容（output capacitor less，OCL）的功率放大电路。本节重点介绍互补对称式 OCL 功率放大电路。

对功率放大电路的基本要求如下。

（1）输出功率尽可能大。即要求输出电压、输出电流的幅度足够大，通常晶体管在接近极限参数 U_{CEO}、I_{CM}、P_{CM} 状态下工作。

（2）电路的效率要高。由于输出功率较大，因此直流电源消耗的功率也大。效率就是指负载上的交流信号功率与电源供给的直流功率的比值。为提高效率，应尽量降低电路的静态功耗，而静态功耗等于电源电压与晶体管静态电流的乘积，故降低静态功耗的办法就是降低晶体管静态电流 I_C。

（3）信号的非线性失真要尽量减小。由于功率放大电路中的晶体管工作在接近极限状态，容易产生失真，因此应尽量减小失真，以满足负载的要求。

按照晶体管静态电流 I_C 的不同，放大电路的工作状态可分为甲类、乙类和甲乙类三种，如图 2.41 所示。

当静态工作点 Q 位于负载线中部时，称为甲类放大，如图 2.41（a）所示，优点是不失真，但是静态功耗大，效率最低。如图 2.41（b）所示，$I_C=0$，静态工作点 Q 落于横轴上，这种工作状态称为乙类放大，此时放大电路只能在输入信号正半周工作，优点是静态功耗近似为零，效率最高，但是其输出波形只有半周，且存在交越失真。如图 2.41（c）所示，$I_C \neq 0$，但很小，静态工作点 Q 介于甲类和乙类之间，这种工作状态称为甲乙类放大。它有静态功耗很小的优点，输出波形只有半周，但基本不失真。

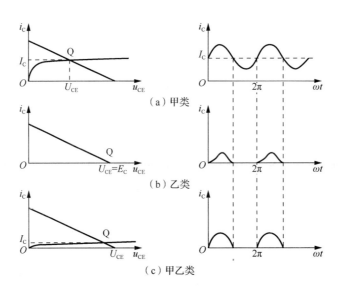

（a）甲类

（b）乙类

（c）甲乙类

图 2.41　放大电路的工作状态

　　在实际应用中，要综合考虑功率、效率和失真这三方面问题，甲乙类互补对称式功率放大电路就较好地解决了这些问题，既能提高效率，又能减小信号波形的失真。

2.9.2　互补对称式功率放大电路

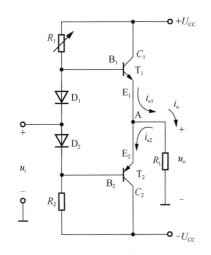

图 2.42　甲乙类互补对称式功率放大电路

　　图 2.42 是甲乙类互补对称式功率放大电路。T_1 为 NPN 型管，T_2 为 PNP 型管，两管虽然结构类型不同，但两管特性基本相同，都是采用射极输出。

　　静态（$u_i=0$）时，调节 R_1 可使两管发射极电位 $U_A=0$，所以 $u_o=0$。但由于二极管 D_1、D_2 正向压降的偏置作用，使 T_1、T_2 管都处于微导通状态，但两管静态电流 I_C 均很小，故都工作在甲乙类放大状态。

　　动态（$u_i\neq0$）时，由于二极管 D_1、D_2 动态电阻很小，所以它们对信号产生的压降均可忽略。当 $u_i>0$，使两管基极电位 U_{B1}、U_{B2} 都升高，从而使 T_1 管导通，而 T_2 管趋向截止，负载电阻 R_L 获

得正半周电压、电流。当 $u_i<0$，使 U_{B1}、U_{B2} 都下降，从而使 T_2 管导通，T_1 管趋向截止，负载电阻 R_L 获得负半周电压、电流。可见，在输入信号 u_i 的整个周期内，T_1、T_2 两管轮流导通交替工作，使负载电阻 R_L 获得了完整的不失真波形，故称为互补对称。电压、电流波形如图 2.43 所示。

　　应当指出，电路中若无二极管的预加偏置电压，则当 $|u_i|<|U_T|$（PN 结死区电压）时

T_1、T_2 管均不导通，在这个小区域内输出电压为 0，这样必然造成输出波形失真，这种失真称为"交越失真"，而有了 D_1、D_2 的预加偏置，使 T_1、T_2 管均处于微导通状态，则只要 $|u_i| > 0$，T_1、T_2 管即可交替工作，正常放大，故交越失真得以消除。

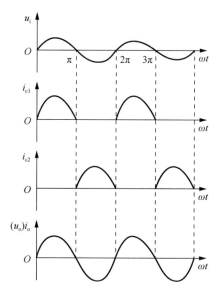

图 2.43　互补对称式功率放大电路的电压和电流波形

2.9.3　功率放大电路的输出功率和效率

　　功率放大电路所能输出的最大功率及其效率是功率放大电路的两个重要技术指标。

　　下面以如图 2.44 所示的功率放大电路为例，分析计算负载上能得到的最大功率及电路的效率。

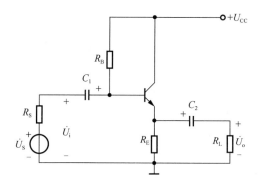

图 2.44　功率放大电路

　　由于负载电阻 R_L 上所能获得的正弦电压最大幅值为
$$U_{om} = U_{CC} - U_{CES}$$
故负载电阻 R_L 电压有效值为
$$U_o = \frac{U_{CC} - U_{CES}}{\sqrt{2}}$$

负载电阻 R_L 上能获得的最大功率为

$$P_{om} = \frac{U_o^2}{R_L} = \frac{(U_{CC} - U_{CES})^2}{2R_L}$$

上述各式中，U_{CES} 为晶体管饱和压降。负载电阻 R_L 流过的电流为

$$i_o = \frac{U_{CC} - U_{CES}}{R_L} \sin\omega t$$

这个电流正是电源所提供的电流，由此可求得电源所消耗的平均功率为

$$P_E = \frac{1}{\pi}\int_0^\pi \left(\frac{U_{CC} - U_{CES}}{R_L} \sin\omega t \cdot U_{CC} \right) \mathrm{d}\omega t = \frac{2U_{CC}(U_{CC} - U_{CES})}{\pi R_L}$$

此时，功率放大电路的效率为

$$\eta = \frac{P_{om}}{P_E} = \frac{\dfrac{(U_{CC} - U_{CES})^2}{2R_L}}{\dfrac{2U_{CC}(U_{CC} - U_{CES})}{\pi R_L}} = \frac{\pi(U_{CC} - U_{CES})}{4U_{CC}}$$

若忽略晶体管饱和压降 U_{CES}，则 $\eta \approx \dfrac{\pi}{4} \approx 78.5\%$，其余的能量都消耗在晶体管上。

2.10　场效应管放大电路

与晶体管放大电路相类似，场效应管放大电路也要设置静态工作点，也必须设置静态偏置电路。其动态分析也与晶体管放大电路相类似。所不同的是晶体管的集电极电流是受基极电流控制，为电流控制元件。而场效应管的漏极电流是受栅极电压控制，为电压控制元件。

2.10.1　场效应管放大电路的静态偏置方式

图 2.45 是 N 沟道耗尽型绝缘栅场效应管自给偏压电路。静态时栅极电位为 0，而源极电流（等于漏极电流）流经源极电阻，所以栅-源电压为

$$U_{GS} = -I_S R_S = -I_D R_S$$

由于 U_{GS} 是靠管子自身漏极电流 I_D 在 R_S 上产生的压降加的偏压，故称自给偏压。由漏极回路可知

$$U_{DS} = U_{DD} - I_o(R_D + R_S)$$

图 2.46 是 N 沟道耗尽型绝缘栅场效应管分压式偏置电路。由于栅极不取电流，故栅极电位为

$$U_G = \frac{R_{G2}}{R_{G1} + R_{G2}} U_{DD}$$

栅-源偏压为

$$U_{GS} = \frac{R_{G1}}{R_{G1} + R_{G2}} U_{DD} - I_D R_S$$

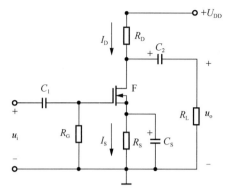

图 2.45　自给偏压偏置电路

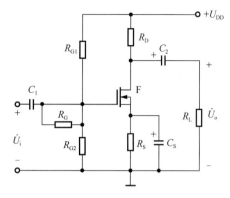

图 2.46　分压式偏置电路

2.10.2　动态分析

图 2.45 和图 2.46 所示电路对信号而言，其输入回路与输出回路的公共端是源极，故称它们为共源极放大电路。

以图 2.46 电路为例，用微变等效电路法作动态分析，其微变等效电路如图 2.47 所示。设输入信号为正弦量，并用相量表示。由于管子的栅-源之间是绝缘的，所以栅-源动态电阻 $r_{gs} \approx \infty$，故为开路。而漏极信号电流是受栅源电压控制的，故 $\dot{I}_d = g_m \dot{U}_{GS}$，又由于管子的输出特性具有恒流性质，因此其动态输出电阻 $r_{ds} \approx \infty$，相当于开路。

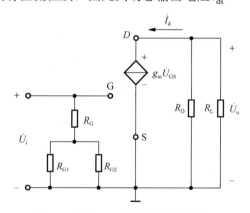

图 2.47　图 2.46 电路的微变等效电路

由图 2.47 的输出回路可知

$$\dot{U}_o = -\dot{I}_d R_L' = -g_m U_{GS} R_L'$$

式中，

$$R_L' = \frac{R_D \cdot R_L}{R_D + R_L}$$

又因为 $\dot{U}_i = \dot{U}_{GS}$，所以电压放大倍数为

$$A_u = \frac{\dot{U}_o}{\dot{U}_i} = -g_m R_L'$$

放大电路的输入电阻为

$$r_\text{i} = R_\text{G} + \frac{R_\text{G1} \cdot R_\text{G2}}{R_\text{G1} + R_\text{G2}}$$

通常 R_G 取值较高，这样可以大大提高放大电路的输入电阻。但由于栅极不取电流，所以 R_G 不影响静态偏置电压。

上述分析表明，由于场效应晶体管动态输入电阻 $r_\text{gs} \approx \infty$，所以它能够组成具有高输入电阻的放大电路。这种放大电路适合于作为多级放大电路的输入极。特别是在信号源内阻较高的情况下，就更加显示其输入电阻高的优点。

放大电路的输出电阻为 $r_\text{o} \approx R_\text{D}$。

习　　题

2.1　放大电路中设置静态工作点的目的是什么？如果静态工作点 Q 的位置设置过高或过低，分别会产生什么失真，如何消除这种失真？

2.2　通常希望放大电路的输入电阻和输出电阻是越大越好，还是越小越好？为什么？

2.3　射极输出器有什么特点？多级放大电路的输入级和输出级采用射极输出器有什么好处？

2.4　试分析如图 2.48 所示各电路能否正常放大正弦交流信号，为什么？

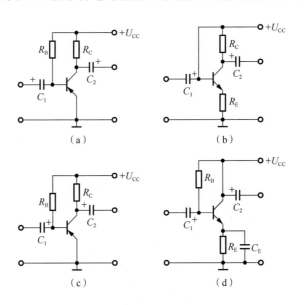

图 2.48　习题 2.4 图

2.5　固定偏置共发射极放大电路如图 2.49 所示，R_P 是电位器。如果输出电压波形出现饱和失真，则消除此失真的办法是增大 R_P 还是减小 R_P？如果输出电压波形出现截止失真，则消除此失真的办法是增大 R_P 还是减小 R_P？如果截止失真和饱和失真同时出现，是什么原因造成的？

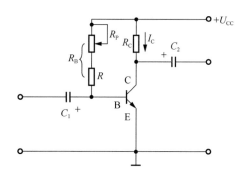

图 2.49　习题 2.5 图

2.6　固定偏置共发射极放大电路如图 2.50 所示，已知 $U_{CC}=15V$，晶体管的 $\beta=60$，$U_{BE}=0.6V, U_{CE}=7.5V, I_C=3mA$。（1）画出直流通路，并求 I_B、R_B 和 R_C；（2）画出微变等效电路；（3）求晶体管的输入电阻；（4）求电压放大倍数。

2.7　如图 2.51 所示的放大电路，已知 $U_{CC}=15V, R_S=1k\Omega, R_C=5k\Omega, R_L=5k\Omega, \beta=50$，$R_B=500k\Omega, U_{BE}=0.6V$。（1）估算静态工作点；（2）画出微变等效电路；（3）求输入电阻和输出电阻；（4）求电压放大倍数 A_u、A_{us}；（5）若 $u_i=0.02\sin\omega t$ mV，u_o 为多少？

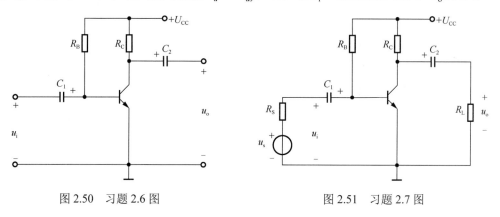

图 2.50　习题 2.6 图　　　　　　　　　　　　图 2.51　习题 2.7 图

2.8　分压式偏置共发射极放大电路如图 2.52 所示，$U_{BE}=0.7V$。（1）求晶体管 $\beta=30$ 时的静态工作点；（2）求晶体管 $\beta=60$ 时的静态工作点；（3）试分析晶体管参数对静态工作点是否有影响。

2.9　如图 2.53 所示放大电路，已知 $\beta=66, U_{BE}=0.6V, U_{CC}=24V, R_C=3.3k\Omega, R_E=1.5k\Omega$，$R_{B1}=33k\Omega, R_{B2}=10k\Omega, R_L=5.1k\Omega$。（1）估算静态工作点；（2）画出微变等效电路；（3）求放大电路的输入电阻和输出电阻；（4）计算电压放大倍数 A_u；（5）若信号源内阻 $R_S=600\Omega$，$U_S=8\mu V$，估算放大电路的输出电压 U_o。

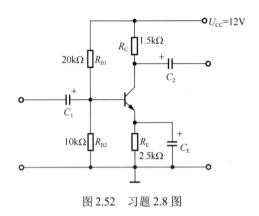

图 2.52　习题 2.8 图

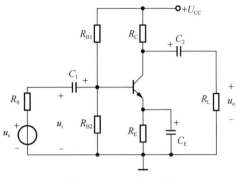

图 2.53　习题 2.9 图

2.10　放大电路如图 2.54 所示。已知晶体管的 $\beta=40,U_{BE}=0.6V,U_{CC}=12V,R_{B1}=40k\Omega,$ $R_{B2}=10k\Omega,R_C=3k\Omega,R_E=1.2k\Omega$。（1）估算静态工作点；（2）画出微变等效电路；（3）计算电压放大倍数；（4）求放大电路的输入电阻和输出电阻。

2.11　放大电路如图 2.55 所示。已知 $U_{CC}=20V,\beta=60,U_{BE}=0.7V,R_{B1}=100k\Omega,R_{B2}=33k\Omega,$ $R_C=4.3k\Omega,R_{E1}=250\Omega,R_{E2}=3k\Omega,R_L=5.6k\Omega$。（1）画出直流通路，并估算静态工作点；（2）画出微变等效电路；（3）求放大电路的电压放大倍数；（4）求放大电路的输入电阻和输出电阻。

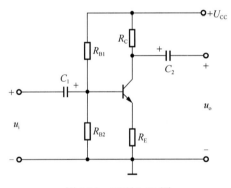

图 2.54　习题 2.10 图

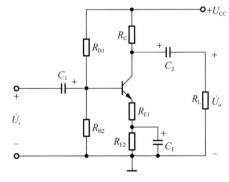

图 2.55　习题 2.11 图

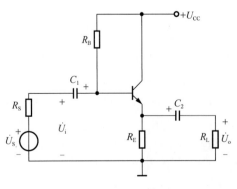

图 2.56　习题 2.12 图

2.12　如图 2.56 所示的射极输出器，已知 $U_{CC}=12V,U_{BE}=0.6V,R_B=200k\Omega,R_E=4k\Omega,R_L=3k\Omega,$ $\beta=50,R_S=600\Omega$。（1）求静态工作点和晶体管的输入电阻 r_{be}；（2）画出微变等效电路；（3）求电压放大倍数；（4）求放大电路的输入电阻和输出电阻。

2.13　在图 2.57 各电路中，判断哪些是交流负反馈电路，哪些是交流正反馈电路，若为交流负反馈电路，请判断负反馈类型。

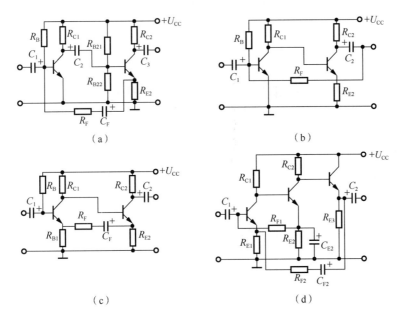

（a）　　　　　　　　　　　　　　　　　　　（b）

（c）　　　　　　　　　　　　　　　　　　　（d）

图 2.57　习题 2.13 图

2.14　在图 2.57 各电路中，有哪些是直流负反馈电路，其作用如何？

2.15　已知负反馈放大电路的开环放大倍数 $A_{\mathrm{u}} = 400$，反馈系数 $F = 0.01$，试求闭环放大倍数 A_{uf}。

2.16　两级放大电路如图 2.58 所示，已知 $\beta_1 = \beta_2 = 50$, $U_{\mathrm{BE1}} = U_{\mathrm{BE2}} = 0.7\mathrm{V}$, $U_{\mathrm{CC}} = 12\mathrm{V}$, $R_{\mathrm{B11}} = 36\mathrm{k}\Omega$, $R_{\mathrm{B12}} = 12\mathrm{k}\Omega$, $R_{\mathrm{C1}} = 2.5\mathrm{k}\Omega$, $R_{\mathrm{E}} = 1.5\mathrm{k}\Omega$, $R_{\mathrm{B2}} = 280\mathrm{k}\Omega$, $R_{\mathrm{C2}} = 3.3\mathrm{k}\Omega$, $R_{\mathrm{L}} = 3.3\mathrm{k}\Omega$。（1）估算各级静态工作点；（2）画出微变等效电路；（3）求各级电压放大倍数及总电压放大倍数；（4）求放大电路的输入电阻和输出电阻。

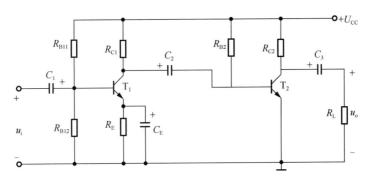

图 2.58　习题 2.16 图

2.17　两级阻容耦合放大电路如图 2.59 所示，已知晶体管 $U_{\mathrm{BE1}} = U_{\mathrm{BE2}} = 0.7\mathrm{V}$, $\beta_1 = \beta_2 = 60$, $U_{\mathrm{CC}} = 20\mathrm{V}$, $R_{\mathrm{B1}} = 200\mathrm{k}\Omega$, $R_{\mathrm{E1}} = 3.9\mathrm{k}\Omega$, $R_{\mathrm{B21}} = 100\mathrm{k}\Omega$, $R_{\mathrm{B22}} = 33\mathrm{k}\Omega$, $R_{\mathrm{C}} = 4.3\mathrm{k}\Omega$, $R_{\mathrm{E2}} = 2.5\mathrm{k}\Omega$, $R_{\mathrm{L}} = 2\mathrm{k}\Omega$。（1）估算各级静态工作点及晶体管输入电阻 r_{be1} 及 r_{be2}；（2）画出微变等效电路；（3）求放大电路的输入电阻和输出电阻；（4）求各级电压放大倍数和总电压放大倍数。

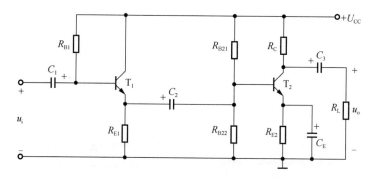

图 2.59　习题 2.17 图

2.18　两级放大电路及参数如图 2.60 所示,已知 $U_{BE1}=U_{BE2}=0.6V$。(1)求各级静态工作点;(2)画出微变等效电路;(3)求第一级的负载电阻 R_{L1};(4)求第一级的电压放大倍数 A_{u1};(5)求第二级的输出电阻 r_o。

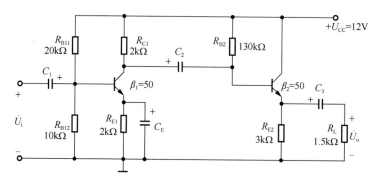

图 2.60　习题 2.18 图

2.19　图 2.61 为改进的直接耦合电路, $U_{CC}=12V,\beta_1=50,\beta_2=30,U_Z=4.3V,R_{B1}=20k\Omega,$ $R_{B2}=150k\Omega,R_{C1}=3.3k\Omega,R_{C2}=3.3k\Omega$,试计算各级静态工作点。

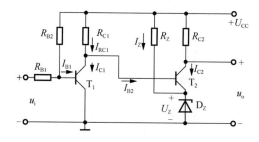

图 2.61　习题 2.19 图

2.20　典型差动放大电路如图 2.62 所示, $R_{B1}=10k\Omega,R_C=5.1k\Omega,R_E=10k\Omega,R_P=100k\Omega,r_{be1}=r_{be2}=2.5k\Omega,\beta_1=\beta_2=50,U_{CC}=U_{EE}=12V$,输出信号 $u_{i1}=7mV$, $u_{i2}=3mV$。求:(1)计算静态电流 I_{B1}、I_{B2}、I_{C1}、I_{C2},集电极电位 U_{C1}、U_{C2} 和射极电位 U_{E1}、U_{E2};(2)输入差模分量 u_d 和共模分量 u_c;(3)差模电压放大倍数 A_{d1}、A_d 和 T_1 管输出差模分

量 u_{old}；（4）共模电压放大倍数 A_{o1} 和 T_1 管输出共模分量 u_{o1c}；（5）单端总输出电压 u_{o1}；
（6）双端输出电压 u_o。

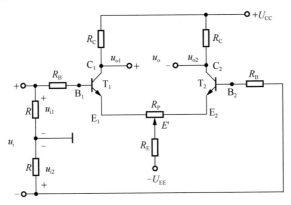

图 2.62　习题 2.20 图

2.21　在图 2.63 所示的甲乙类互补对称式功率放大电路中，电源 $U_{CC}=10V$，负载
电阻 $R_L=10\Omega$，设 $U_{CES}=1V$，求：（1）负载能获得的最大功率是多少?此时功率放大电
路的效率是多少？（2）若输入正弦电压信号有效值 $U_i=5V$，求负载获得的功率及电路
效率。

2.22　在图 2.64 电路中，场效应管为 N 沟道耗尽型，$I_{DSS}=1mA, U_{GS(off)}=-5V$，
$g_m=1mA/V, U_{DD}=20V, R_D=R_S=R_L=10k\Omega, R_{G1}=200k\Omega, R_{G2}=51k\Omega, R_G=1M\Omega$。求：
（1）静态值；（2）电压放大倍数；（3）输入电阻和输出电阻。

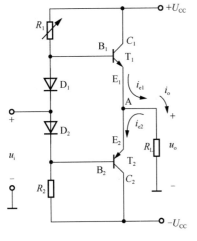

图 2.63　习题 2.21 图

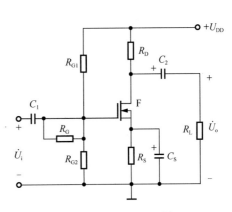

图 2.64　习题 2.22 图

第3章　集成运算放大器及其应用

3.1　集成运算放大器

集成运算放大器是一种采用直接耦合的高增益多级放大电路，它既能放大缓慢变化的直流信号，也能放大交流信号。用集成运算放大器及其反馈网络可以构成形式多样、种类繁多的应用电路，如信号运算电路、信号处理电路和信号发生电路等，其中，信号运算电路、信号处理电路是集成运算放大器在线性状态的具体应用；电压比较器及其应用是集成运算放大器在非线性方面的典型应用。

3.1.1　集成电路简介

第 2 章讨论的放大电路，是由彼此独立的晶体管、二极管、电阻和电容等元器件用导线连接而成的，这种电路称为分立元件电路。集成电路（integrated circuit，IC）是 20 世纪 60 年代初期发展起来的一种半导体器件，是在半导体制造工艺的基础上，把晶体管、电阻、导线等集成在一块半导体基片上，形成不可分割的固体器件。集成电路具有许多分立元件电路无法比拟的优点，如体积小、重量轻、功耗小、特性好等。高密度的集成使得集成电路外部引线大为减少，提高了电子设备的可靠性和灵活性，同时降低了成本，为电子技术的应用开辟了一个新时代。与分立元件组成的电路相比，集成电路具有以下几个方面的特点：

（1）由于所有元件同处于一块硅片上，距离非常接近，因此对称性很好，适用于要求对称性高的电路，例如前面讨论的差动放大电路。

（2）由集成电路工艺制造出来的电阻，其阻值范围有一定的局限性，通常在几十欧到几十千欧之间。对于高阻值常采用晶体管有源元件来代替。

（3）集成电路的工艺不适于制造容量在几十皮法以上的电容器，至于电感器就更困难了，所以级间采用直接耦合的方式，而不采用阻容耦合的方式。大电容采取外接的方法。

（4）在集成电路中，制造晶体管，特别是 NPN 型晶体管往往比制造电阻、电容等无源器件更方便，占用更少的芯片面积，成本更低廉，所以在集成放大电路中，常常用晶体管代替电阻，尤其是大电阻。

（5）在集成电路中，常采用将晶体管的集电极与基极短接后用发射结来代替二极管的方法，从而使其正向压降的温度系数接近于同类晶体管 U_{BE} 的温度系数，具有较好的温度补偿作用。

由以上特点可知，集成电路是一种元件密度高、特性好的固体组件。对使用者来说，重要的不是像分立元件电路那样去了解内部电路每一细节，而主要是了解每种型号的功能、外部接线及如何应用。

按功能分，集成电路分为数字集成电路和模拟集成电路两大类，本章所讲的线性集成运算放大器是模拟集成电路的一种。

3.1.2　集成运算放大器的电路组成

从原理上说，集成运算放大器是一个具有高放大倍数的多级直接耦合放大电路，它有两个输入端和一个输出端，其内部电路通常由四个部分组成，包括输入级、中间级、输出级和偏置电路，如图 3.1 所示。

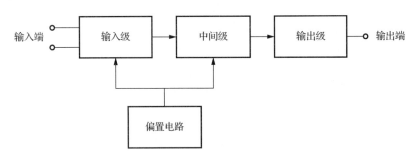

图 3.1　集成运算放大器的结构框图

（1）输入级：是运算放大器内部电路的第一级，常用双端输入的差分放大电路组成，一般要求输入电阻高，差模放大倍数大，抑制共模信号的能力强。

（2）中间级：是高放大倍数的放大电路，主要进行电压放大，电压放大倍数可达数千倍至数万倍，一般由若干级共发射极（或共源极）放大电路组成。

（3）输出级：是运算放大器内部电路的最后一级，具有较大的电压输出幅度，输出电阻小，负载驱动能力强，多采用互补对称电路或射极输出器。

（4）偏置电路：向各级放大电路提供静态工作点，一般采用各种形式的电流源电路。

常见的集成运算放大器 μA741 是集成电路中有代表性的产品，也是目前国内外常用的集成运算放大器之一。图 3.2（a）是 μA741 的内部电路原理图。整个电路由四部分组成：输入级、偏置电路、中间级和输出级，如图 3.2（b）所示。

输入级：T_1、T_2 是共集电极电路，和 T_3、T_4 的共基极电路组成共集-共基复合差动放大电路。T_5、T_6 和 T_7 组成晶体管恒流源负载。这样的设计安排有许多优点：

（1）输入电阻较大；

（2）允许输入的差模电压较大；

（3）差模电压增益高；

（4）共模抑制比 K_{CMRR} 高。

中间级：T_{16}、T_{17} 组成复合管共发射极放大电路，T_{18} 是有源负载，不仅可以获得很大的电压放大倍数，而且具有很高的输入电阻。

输出级：T_{14} 和 T_{20} 组成互补对称输出级，T_{19} 起过载保护作用，T_{15} 和 R_7、R_8 的作用是为功率管提供静态基极电流，使电路工作在甲乙类状态下，以减少交越失真。

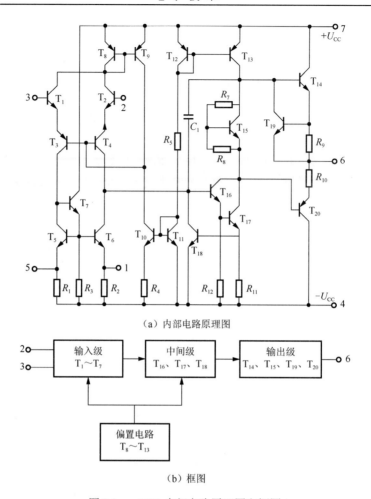

（a）内部电路原理图

2○ —— 输入级 $T_1 \sim T_7$ —— 中间级 T_{16}、T_{17}、T_{18} —— 输出级 T_{14}、T_{15}、T_{19}、T_{20} ——○6

3○ ——

偏置电路 $T_8 \sim T_{13}$

（b）框图

图 3.2　μA741 内部电路原理图和框图

偏置电路：由 $T_8 \sim T_{13}$ 以及 R_4、R_5 组成。

μA741 为八脚双列直插式芯片，其外部接线图如图 3.3（a）所示，外形和引脚安排如图 3.3（b）所示。

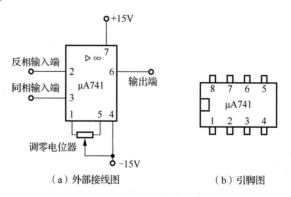

（a）外部接线图　　　　（b）引脚图

图 3.3　μA741 外部接线和引脚图

引脚 2 为反相输入端，用 "−" 表示，引脚 3 为同相输入端，用 "+" 表示。引脚 6 为输出端。引脚 7、4 分别接正、负电源。引脚 1、5 接调零电位器，引脚 8 为空脚。

3.1.3　集成运算放大器的主要技术指标

集成运算放大器的性能通常由它的参数来表示，为了合理地选用集成运算放大电路，必须了解各主要参数的意义。下面介绍运算放大器的主要技术指标。

（1）开环电压放大倍数 A_{od}。它指无反馈电路时所测出的差模放大倍数 $A_{od} = |\Delta U_o / \Delta(U_- - U_+)|$，常用 $20\lg|A_{od}|$ 表示，其单位为 dB，也称为开环差模增益。实际运算放大器的开环差模增益一般为 $80 \sim 120dB$，即放大倍数为 $10^4 \sim 10^6$。A_{od} 是决定运算放大器精度的重要因素，理想情况下希望 A_{od} 为无穷大。

（2）输入差模电压 U_{idm}。它指运算放大器反相和同相两个输入端之间所能承受的最大电压值，超过此值，其中一个管子将会出现反向击穿现象。

（3）输入共模电压 U_{icm}。它指运算放大器能承受的最大共模输入电压，超过 U_{icm} 值，运算放大器就不能正常工作。

（4）共模抑制比 K_{CMRR}。

$$K_{CMRR} = 20\lg\left|\frac{A_{od}}{A_{oc}}\right|$$

式中，A_{oc} 为共模放大倍数。

（5）最大输出电压 U_{opp}。它指运算放大器在不发生失真情况下的最大输出电压，又称为饱和电压。

（6）输入失调电压 U_{os} 和输入失调电压温漂 dU_{os}/dT。在运算放大器中，由于差动输入级两边元件参数不可能完全对称，当输入信号为零时，输出并不为零。输入失调电压 U_{os} 是指为了使输出电压为零，在输入端所需外加的补偿电压，其值愈小愈好。一般为几个毫伏。常用外加调零电位计进行补偿。

U_{os} 反映了运算放大器输入级的不对称程度，由于 U_{os} 通常主要是由输入级差动放大器两晶体管的 U_{BE} 失配引起的，而 U_{BE} 是温度的函数，因此 U_{os} 也是温度的函数。

输入失调电压温漂 dU_{os}/dT 是表示 U_{os} 受温度影响的指标，它是衡量运算放大器温漂的重要指标。

（7）输入失调电流 I_{os} 和输入失调电流温漂 dI_{os}/dT。输入失调电流 I_{os} 是指运算放大器在静态时两输入端输入偏置电流之差，即 $I_{os} = |I_{B1} - I_{B2}|$，也是一个反映差动输入级不对称程度的指标。显然其值愈小愈好。dI_{os}/dT 与 dU_{os}/dT 意义相同。

（8）差模输入电阻 r_{id}。运算放大器在差模信号输入时输入电阻 r_{id} 一般非常大，高质量的都在兆欧级。

以上介绍了运算放大器的几个主要参数的意义，其他参数就不一一说明了。总之，运算放大器具有开环放大倍数大、输入电阻高、输出电阻低、漂移小、可靠性高、体积小等特点，广泛地应用在各个技术领域中。

3.2　理想运算放大器

理想运算放大器

3.2.1　理想运算放大器的技术指标

在大多数情况下，可以将集成运算放大器看成是一个理想运算放大器。所谓理想运算放大器，就是将集成运算放大器的各项技术指标理想化，具体如下：

（1）开环电压放大倍数 $A_{od} \to \infty$；

（2）差模输入电阻 $r_{id} \to \infty$；

（3）输出电阻 $r_o \to 0$；

（4）共模抑制比 $K_{CMRR} \to \infty$。

理想运算放大器的图形符号如图 3.4 所示。图中，标记"−"的为反相输入端，标记"+"的为同相输入端，输出端也标有"+"号。"∞"表示为理想运算放大器。这里省略了其他引线，如正、负电源引脚及调零端未显示。

如果输入电压从同相输入端对公共地端输入，则输出电压与输入电压同相；如果从反相输入端输入，则输出电压与输入电压反相；如果两个输入电压同时从反相输入端和同相输入端输入，称为双端差动输入，则输出电压的相位由两个输入电压综合决定。因此，运算放大器有反相输入、同相输入和双端差动输入三种输入方式。

表示运算放大器输出电压 u_o 与输入电压 $(u_+ - u_-)$ 之间关系的特性曲线称为电压传输特性，如图 3.5 所示。特性曲线分为线性区和非线性区（或称饱和区）。

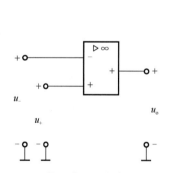

图 3.4　理想运算放大器的图形符号

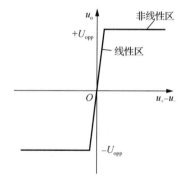

图 3.5　运算放大器的电压传输特性

在各种应用电路中，集成运算放大器的工作范围可能有两种情况：工作在线性区或工作在非线性区。

3.2.2　理想运算放大器工作在线性区时的特点

当运算放大器工作在线性区时，输入电压和输出电压满足线性关系，即

$$u_o = A_{od}(u_+ - u_-) \tag{3.1}$$

由于运算放大器的开环电压放大倍数 A_{od} 非常大，可达几十万倍，所以它的线性区非常窄。如果最大输出电压 $\pm U_{opp} = \pm 12V$，放大倍数 $A_{od} = 5 \times 10^5$，那么只有当输入信号

$|u_+ - u_-| < 24\mu V$ 时，电路才会工作在线性区，否则就工作在非线性区，输出电压不是 +12V 就是 –12V。由于干扰的影响，很难使运算放大器在开环时处于线性工作状态。

为了使运算放大器工作在线性区，电路中必须引入负反馈，以减小其净输入电压 $(u_+ - u_-)$，使输出电压不超过线性范围。

理想运算放大器工作在线性区时，有两个重要特点如下。

（1）反相输入端与同相输入端电位近似相等：

$$u_+ \approx u_- \qquad\qquad (3.2)$$

这是因为理想运算放大器开环电压放大倍数 $A_{od} \to \infty$，而输出电压 u_o 为有限值，故由式（3.1）有

$$u_+ - u_- = \frac{u_o}{A_{od}} \approx 0$$

即

$$u_+ \approx u_-$$

上式表示运算放大器同相输入端与反相输入端两点的电位近似相等，如同将该两点短路一样。但是该两点实际上并未真正被短路，只是具有与短路相同的特征，所以称这种现象为"虚短"。

（2）反相输入端和同相输入端输入电流近似为零：

$$i_+ = i_- \approx 0 \qquad\qquad (3.3)$$

这是因为理想运算放大器开环差模输入电阻 $r_{id} \to \infty$，因此在其两个输入端均没有电流，如同该两点被断开一样，这种现象被称为"虚断"。

"虚短"和"虚断"是理想运算放大器工作在线性区时的两点重要结论，是今后分析许多运算放大器应用电路的出发点。

3.2.3　理想运算放大器工作在非线性区时的特点

如果运算放大器的工作信号超出了线性放大的范围，则输出电压不再随着输入电压线性增长，而将达到饱和，输出电压会达到正饱和电压 $+U_{opp}$ 或负饱和电压 $-U_{opp}$。

运算放大器工作在非线性区时，输入电压和输出电压不再有线性关系，式（3.1）不成立。

理想运算放大器工作在非线性区时，也有两个重要特点如下。

（1）输出电压 u_o 只有两种可能，当 $u_+ > u_-$ 时，$u_o = +U_{opp}$；当 $u_+ < u_-$ 时，$u_o = -U_{opp}$。

（2）由于 $r_{id} \to \infty$，两个输入端的输入电流仍近似为零。

如上所述，理想运算放大器工作在线性区或非线性区时，各有不同的特点。因此，在分析各种应用电路的工作原理时，首先必须判断运算放大器工作在哪个区域。

3.3　集成运算放大电路中的反馈

运算放大器作为一个元器件，用它组成的电路是多种多样的，但就反馈类型来说，仍然有交流反馈和直流反馈之分、正反馈和负反馈之分。负反馈的四种方式也一样存在。

1. 有无反馈的判断

要判断电路中是否引入了反馈，关键是看输出端和输入端之间是否存在反馈通路，即电路的输出端和输入端之间有无起连接作用的元器件，若有反馈元器件，则有反馈；若无反馈元器件，则无反馈。

如图 3.6（a）所示电路，输入信号 u_i 作用于放大电路，得到输出电压 u_o，而输出端到输入回路没有任何通路，没有引入反馈，这是一种开环工作状态。如图 3.6（b）和图 3.7（c）所示电路，R_2 形成了输出和输入间的通路，因而有反馈存在。

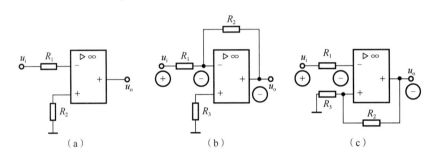

图 3.6 判断有无反馈

2. 交流反馈和直流反馈的判断

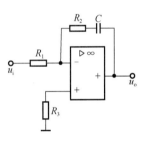

图 3.7 存在交流反馈

判断时首先要分清电路中的交流通路和直流通路，再看各通路中是否有反馈通路连接输出和输入回路，影响净输入量。

如图 3.7 所示电路，R_2C 支路仅是交流通路，所以电路中只存在交流反馈，而不存在直流反馈。

图 3.8（a）中的直流通路和交流通路分别为图 3.8（b）和图 3.8（c）。由图 3.8（b）不难看出存在直流反馈；图 3.8（c）中由于 R_1 被 C 短接，反相输入端接地，输出信号不会影响净输入信号，故没有交流反馈。

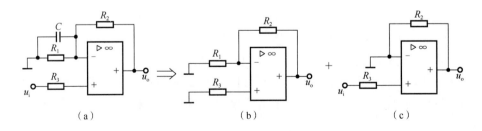

图 3.8 交、直流反馈的判断

3. 正反馈和负反馈的判断

判断正负反馈仍然可以用瞬时极性法。如图 3.6（b）所示电路，设 u_i 输入电压瞬时极性对地为正，则输出端极性为负，反馈到反相输入端极性也为负，R_1 上压降增加，纯输入量减小，因此该电路引入了负反馈。如图 3.6（c）所示电路，设 u_i 瞬时极性为正，则输出极性为负，反馈到同相输入端也为负，输入量 u_i 加上 R_3 上产生的反馈电压，净输入量增加了，因此该电路引入了正反馈。

4. 反馈类型的判断

图 3.9 给出了运算放大器四种负反馈电路的不同形式，判断方法如下。

将放大器输出端短接，图 3.9（a）和图 3.9（b）反馈信号随之为零，说明反馈信号取自输出电压，所以为电压反馈；而图 3.9（c）和图 3.9（d）反馈信号依然存在，说明电路引入的是电流反馈。

图 3.9（a）、图 3.9（c）中，净输入电压 $|u_+ - u_-|$ 是输入电压与 R_1 上反馈压降的叠加，故为串联反馈；而图 3.9（b）、图 3.9（d）中，净输入电流是输入电流与反馈电流的叠加，故为并联反馈。

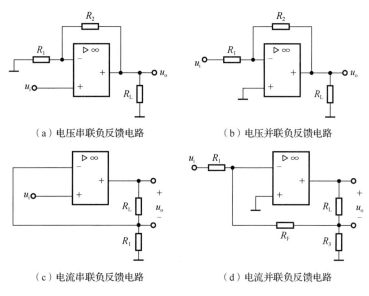

（a）电压串联负反馈电路　　　（b）电压并联负反馈电路

（c）电流串联负反馈电路　　　（d）电流并联负反馈电路

图 3.9　负反馈电路的四种不同形式

3.4　基本运算电路

集成运算放大器外接深度负反馈电路后，便可以实现各种数学运算，如比例、求和、积分、微分、对数、反对数、乘法、除法等。这里只对几种典型运算电路进行分析。

3.4.1　比例运算电路

比例运算电路的输出电压与输入电压之间存在比例关系，即电路可实现比例运算。比例电路是最基本的运算电路，是其他各种运算电路的基础。

比例运算电路

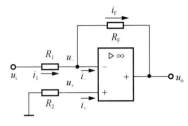

图 3.10　反相比例运算电路

1. 反相比例运算电路

图 3.10 是反相比例运算电路。输入电压 u_i 经 R_1 从反相输入端输入，同相输入端经 R_2 接地，R_F 为反馈电阻，跨接于输出端与反相输入端之间。

由图可知

$$i_1 = i_- + i_F$$

由于

$$i_+ = i_- \approx 0$$

所以

$$i_1 \approx i_F$$

又因为

$$u_+ \approx u_-$$

而

$$u_+ = -i_+ \cdot R_2 \approx 0$$

所以

$$u_- \approx 0$$

即反相输入端近似为"地"电位，因此在反相输入时又常把反相输入端称为"虚地"端。
于是有

$$i_1 = \frac{u_i - u_-}{R_1} \approx \frac{u_i}{R_1}$$

$$i_F = \frac{u_- - u_o}{R_F} \approx -\frac{u_o}{R_F}$$

所以

$$u_o = -\frac{R_F}{R_1} u_i \tag{3.4}$$

所以闭环电压放大倍数 A_{uf} 为

$$A_{uf} = \frac{u_o}{u_i} = -\frac{R_F}{R_1} \tag{3.5}$$

式（3.5）表明，反相比例运算电路的闭环电压放大倍数只由电阻 R_F 和 R_1 决定，而与集成运算放大器元件本身无关。式中的负号表示输出与输入反相。

该电路可以完成反相比例运算，比例系数为 $-\dfrac{R_F}{R_1}$，改变 R_F 和 R_1 的大小，就可使输出与输入满足不同的比例关系。只要 R_F 和 R_1 的阻值精确、稳定，输出和输入的比例关系就是非常精确、稳定的线性关系。

当 $R_F = R_1$ 时，$u_o = -u_i$ 称为反相器或反号器，这是反相输入电路的一个特例。

电路中的 R_2 为平衡电阻，以保证运算放大器输入级差动放大器的对称性，其阻值等于反相输入端各支路电阻的并联等效电阻，这里取

$$R_2 = R_1 \mathbin{/\!/} R_F = \frac{R_1 R_F}{R_1 + R_F} \tag{3.6}$$

例 3.1　如图 3.10 所示电路，设 $R_1 = 1\text{k}\Omega, R_F = 10\text{k}\Omega, u_i = 0.12\text{V}$，求闭环电压放大倍数 A_{uf} 和输出电压 u_o。

解： 由式（3.5）可得

$$A_{uf} = \frac{u_o}{u_i} = -\frac{R_F}{R_1} = -\frac{10}{1} = -10$$

$$u_o = A_{uf} \cdot u_i = -10 \times 0.12 = -1.2\text{V}$$

2. 同相比例运算电路

图 3.11 是同相比例运算电路。输入电压 u_i 经 R_2 从同相端输入，反相端经 R_1 接地，反馈电阻 R_F 仍跨接于输出端与反相输入端之间。

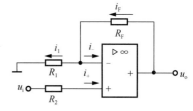

由于

$$i_+ = i_- \approx 0, u_- \approx u_+ = u_i$$

图 3.11　同相比例运算电路

所以

$$i_1 \approx i_F$$

又因为

$$i_1 = \frac{u_-}{R_1} \approx \frac{u_i}{R_1}, i_F = \frac{u_o - u_-}{R_F} \approx \frac{u_o - u_i}{R_F}$$

故

$$\frac{u_i}{R_1} = \frac{u_o - u_i}{R_F}$$

所以

$$u_o = \left(1 + \frac{R_F}{R_1}\right) u_i \tag{3.7}$$

所以闭环电压放大倍数 A_{uf} 为

$$A_{uf} = \frac{u_o}{u_i} = 1 + \frac{R_F}{R_1} \tag{3.8}$$

可见，同相输入电路仍为比例运算电路，输出与输入之间的关系仍取决于 R_F 和 R_1。比例系数为 $1 + \dfrac{R_F}{R_1}$，为正值，表明输出与输入同相，且总是大于或等于 1。

R_2 仍为平衡电阻，其值为 $R_1 \mathbin{/\!/} R_F$。

当 $R_F = 0$ 或 $R_1 = \infty$ 时，由式（3.8）可知 $A_{uf} = 1$，因此

$$u_o = u_i$$

这是同相输入电路的一个特例，称为电压跟随器或同号器。

例 3.2　如图 3.12 所示，已知图中运算放大器的最大输出电压 $U_{opp} = \pm 12\text{V}, R_1 = R_2 = 1\text{k}\Omega$，$R_3 = 4\text{k}\Omega, R_F = 10\text{k}\Omega, u_i = 0.5\text{V}$，求闭环电压放大倍数 A_{uf} 和输出电压 u_o。

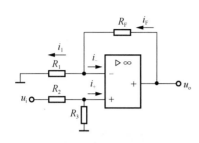

图 3.12　例 3.2 图

解： 因为

$$i_+ \approx 0$$

所以输入信号 u_i 经电阻 R_2、R_3 分压加到同相输入端，同相输入端电位为

$$u_+ = \frac{R_3}{R_2 + R_3} \cdot u_i$$

又因为

$$i_- \approx 0 , u_- \approx u_+$$

有

$$i_1 \approx i_F , u_- = \frac{R_3}{R_2 + R_3} \cdot u_i$$

又因为

$$i_1 = \frac{u_- - 0}{R_1} , i_F = \frac{u_o - u_-}{R_F}$$

得

$$\frac{u_- - 0}{R_1} = \frac{u_o - u_-}{R_F}$$

$$A_{uf} = \left(1 + \frac{R_F}{R_1}\right) \cdot \frac{R_3}{R_2 + R_3} = \left(1 + \frac{10}{1}\right) \cdot \frac{4}{1+4} = 8.8$$

$$u_o = A_{uf} \cdot u_i = 8.8 \times 0.5 = 4.4 \text{V}$$

例 3.3　电路如图 3.13 所示，已知 $R_1 = R_2 = R_4 = 10\text{k}\Omega , u_o = -20u_i$ ，求 R_5 。

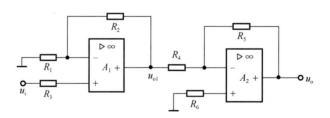

图 3.13　例 3.3 图

解： A_1 是同相输入的比例运算电路，由式（3.7）可得

$$u_{o1} = \left(1 + \frac{R_2}{R_1}\right) \cdot u_i = \left(1 + \frac{10}{10}\right) \cdot u_i = 2u_i$$

A_2 是反相输入的比例运算电路，由式（3.4）可得

$$u_o = -\frac{R_5}{R_4} \cdot u_{o1} = -\frac{R_5}{10} \cdot 2u_i = -20u_i$$

可得

$$R_5 = 100\text{k}\Omega$$

3.4.2　加减运算电路

1. 加法运算电路

如果在反相比例运算电路的基础上，增加若干个输入电路，可构成反相加法运算电路。图 3.14 所示电路是有三个输入信号的反相加法运算电路。

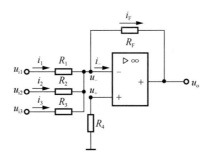

图 3.14　反相加法运算电路

因为

$$u_- \approx u_+ = 0, i_- \approx 0$$

故

$$i_F = i_1 + i_2 + i_3, i_1 = \frac{u_{i1}}{R_1}, i_2 = \frac{u_{i2}}{R_2}, i_3 = \frac{u_{i3}}{R_3}$$

$$u_o = -R_F \cdot i_F$$

$$i_F = \frac{u_{i1}}{R_1} + \frac{u_{i2}}{R_2} + \frac{u_{i3}}{R_3}$$

所以

$$u_o = -\left(\frac{R_F}{R_1} u_{i1} + \frac{R_F}{R_2} u_{i2} + \frac{R_F}{R_3} u_{i3} \right) \tag{3.9}$$

若令

$$R_1 = R_2 = R_3 = R_F$$

则

$$u_o = -(u_{i1} + u_{i2} + u_{i3}) \tag{3.10}$$

这种电路称为反相加法器，此时输出电压的大小等于各输入电压之和，但相位相反。

平衡电阻为

$$R_4 = R_1 /\!/ R_2 /\!/ R_3 /\!/ R_F \tag{3.11}$$

图 3.15 是同相输入加法运算电路。在同相比例运算电路的分析中，已经知道

$$u_o = \left(1 + \frac{R_F}{R_1} \right) u_+$$

又因为

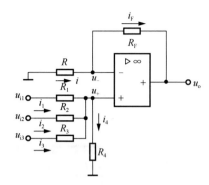

图 3.15 同相输入加法运算电路

$$i_1 + i_2 + i_3 = i_4$$

即

$$\frac{u_{i1} - u_+}{R_1} + \frac{u_{i2} - u_+}{R_2} + \frac{u_{i3} - u_+}{R_3} = \frac{u_+}{R_4}$$

所以

$$\frac{u_{i1}}{R_1} + \frac{u_{i2}}{R_2} + \frac{u_{i3}}{R_3} = u_+ \left(\frac{1}{R_1} + \frac{1}{R_2} + \frac{1}{R_3} + \frac{1}{R_4} \right)$$

则

$$u_+ = \frac{\dfrac{u_{i1}}{R_1} + \dfrac{u_{i2}}{R_2} + \dfrac{u_{i3}}{R_3}}{\dfrac{1}{R_1} + \dfrac{1}{R_2} + \dfrac{1}{R_3} + \dfrac{1}{R_4}}$$

所以

$$u_o = \left(1 + \frac{R_F}{R}\right) u_+ = \left(1 + \frac{R_F}{R}\right) \frac{\dfrac{u_{i1}}{R_1} + \dfrac{u_{i2}}{R_2} + \dfrac{u_{i3}}{R_3}}{\dfrac{1}{R_1} + \dfrac{1}{R_2} + \dfrac{1}{R_3} + \dfrac{1}{R_4}} \qquad (3.12)$$

当各电阻取值不同时，u_o 是不同比例各输入量之和。

为保持电路的平衡，一般选取

$$R \mathbin{/\mkern-4mu/} R_F = R_1 \mathbin{/\mkern-4mu/} R_2 \mathbin{/\mkern-4mu/} R_3 \mathbin{/\mkern-4mu/} R_4$$

若

$$R = R_F = R_S, \quad R_1 = R_2 = R_3 = R_4 = 2R_S$$

则

$$u_o = \frac{1}{2}\left(u_{i1} + u_{i2} + u_{i3}\right) \qquad (3.13)$$

例 3.4　试计算如图 3.16 所示电路输出电压 u_o。

解：当 u_{i1} 作用时，令 $u_{i2} = 0$，有

$$u_o' = \left(1 + \frac{10R}{R}\right) \frac{2R}{3R + 2R} u_{i1} = \frac{22}{5} u_{i1}$$

当 u_{i2} 作用时，令 $u_{i1}=0$，有

$$u_o'' = \left(1 + \frac{10R}{R}\right)\frac{3R}{3R+2R}u_{i2} = \frac{33}{5}u_{i2}$$

所以

$$u_o = u_o' + u_o'' = 11\left(\frac{2}{5}u_{i1} + \frac{3}{5}u_{i2}\right)$$

2. 减法运算电路

当输入信号分别从运算放大器的两个输入端引入时，即双端差动输入时，构成减法运算电路，如图 3.17 所示。

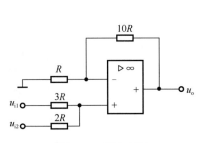

图 3.16　例 3.4 图

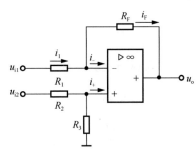

图 3.17　减法运算电路

同相端输入电压为

$$u_+ = \frac{R_3}{R_2+R_3} \cdot u_{i2}$$

由于

$$i_- = i_+ \approx 0, u_- \approx u_+$$

所以

$$i_1 = i_F$$

又因为

$$i_1 = \frac{u_{i1}-u_-}{R_1}, i_F = \frac{u_- - u_o}{R_F}$$

得

$$\frac{u_{i1}-u_-}{R_1} = \frac{u_- - u_o}{R_F}$$

可解得输出电压为

$$u_o = \left(1 + \frac{R_F}{R_1}\right)\frac{R_3}{R_2+R_3}u_{i2} - \frac{R_F}{R_1}u_{i1} \tag{3.14}$$

如果 $R_1 = R_2$，$R_3 = R_F$ 时，则式（3.14）为

$$u_o = \frac{R_F}{R_1}(u_{i2} - u_{i1}) \tag{3.15}$$

由式（3.14）和式（3.15）可知，输出电压与两个输入电压之差成正比，所以可完成减法运算。

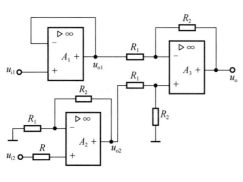

图 3.18　例 3.5 图

例 3.5　如图 3.18 所示，已知 $R_1 = 1\text{k}\Omega$，$R_2 = 2\text{k}\Omega$，$u_{i1} = -1.5\text{V}, u_{i2} = 1.5\text{V}$，求 u_o。

解： A_1、A_2 是同相输入的比例运算电路，由式（3.7）可得

$$u_{o1} = u_{i1} = -1.5\text{V}$$

$$u_{o2} = \left(1 + \frac{R_2}{R_1}\right) \cdot u_{i2} = \left(1 + \frac{2}{1}\right) \times 1.5 = 4.5\text{V}$$

A_3 是减法运算电路，由式（3.15）可得

$$u_o = \frac{R_2}{R_1}(u_{o2} - u_{o1}) = \frac{2}{1} \times [4.5 - (-1.5)] = 12\text{V}$$

3.4.3　积分和微分运算电路

1. 积分运算电路

将反相比例运算电路中的 R_F 换成电容 C_F，则构成积分运算电路，如图 3.19 所示。

假定 $t < 0$ 时，电容两端电压为零。

由于 $i_- \approx 0, u_- \approx u_+ = 0$，有 $i_1 \approx i_F$，且 $i_1 \approx \dfrac{u_i}{R_1}$，所以

$$u_o = -u_c = -\frac{1}{C_F}\int i_F \, \mathrm{d}t = -\frac{1}{C_F R_1}\int u_i \, \mathrm{d}t$$

上式表明，输出电压 u_o 与输入电压 u_i 的积分成比例，负号表示它们在相位上是相反的。

当输入信号 u_i 为如图 3.20（a）所示的正阶跃电压，即 $t < 0$ 时，$u_i = 0$；$t \geqslant 0$ 时，$u_i = U_i$。则当 $t \geqslant 0$ 时，

$$u_o \approx -\frac{U_i}{C_F R_1}t = -\frac{U_i}{\tau}t \qquad (3.16)$$

式中，$\tau = R_1 C_F$，称为积分时间常数。

积分和微分运算电路

图 3.19　积分运算电路

只要运算放大器工作在线性区，输出电压 u_o 与时间 t 就存在上述线性关系。这是由于反馈电容在这种情况下以近似恒定的电流 $\dfrac{u_i}{R_1}$ 充电的缘故，这与阻容串联电路在阶跃电压作用下，充电电流以指数曲线减少不同。

由于输出电压 $|u_o|$ 的线性增加受饱和电压限制，故输出电压达到饱和值后不再随时间变化，如图 3.20（b）所示。

以上分析说明此电路能完成积分运算。一般取 $R_2 = R_1$。

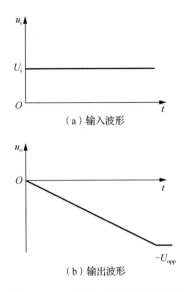

（a）输入波形

（b）输出波形

图 3.20　*RC* 积分电路的阶跃响应

例 3.6　图 3.21 是求和积分电路。求其输出电压与输入电压的关系式。

解： 这是个积分运算电路，利用叠加原理可得

$$u_o = -\frac{1}{C_F}\int\left(\frac{u_{i1}}{R_{11}}+\frac{u_{i2}}{R_{12}}\right)\mathrm{d}t$$

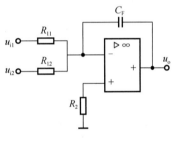

例 3.7　图 3.22 是比例-积分运算电路，已知 $R_1 = 100\text{k}\Omega$, $R_2 = 75\text{k}\Omega$, $R_F = 300\text{k}\Omega$, $C_F = 0.5\mu\text{F}$。（1）试求输出与输入电压的关系表达式；（2）输入阶跃电压如图 3.23（a）所示，画出输出电压波形。

图 3.21　例 3.6 图

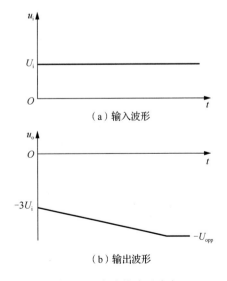

（a）输入波形

（b）输出波形

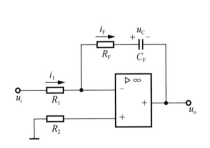

图 3.22　比例-积分运算电路图

图 3.23　电路的阶跃响应

解：（1）
$$i_- \approx i_+ = 0, u_- \approx u_+ = 0$$

$$i_F = i_1 = \frac{u_i}{R_1}$$

$$u_o = -\left(R_F i_F + u_C\right) = -\left(R_F i_1 + \frac{1}{C_F}\int i_1 dt\right) = -\left(\frac{R_F}{R_1}u_i + \frac{1}{R_1 C_F}\int u_i dt\right)$$

上式表明，输出电压是对输入电压的比例-积分。这种运算器又称 PI 调节器，常用于控制系统中，以保证自控系统的稳定性和控制精度。改变 R_F 和 C_F，可调整比例系数和积分时间常数，以满足控制系统的要求。

将参数代入上式，得

$$u_o = -\left(\frac{300}{100}u_i + \frac{1}{100\times10^3 \times 0.5\times10^{-6}}\int u_i dt\right) = -\left(3u_i + 20\int u_i dt\right)\text{V}$$

（2）当输入为阶跃信号时，输出信号为
$$u_o = -\left(3U_i + 20U_i t\right)\text{V}$$

其波形如图 3.23（b）所示。

2. 微分运算电路

将积分电路中的反相输入端电阻和反馈电容调换位置，则构成微分运算电路，如图 3.24 所示。

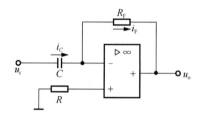

图 3.24 微分运算电路

考虑到 $u_- \approx 0, i_C \approx i_F, i_C = C\dfrac{du_C}{dt} = C\dfrac{du_i}{dt}$，输出电压为

$$u_o = -R_F i_F = -R_F C\frac{du_i}{dt} \tag{3.17}$$

即输出电压与输入电压对时间的微分成比例。

当输入如图 3.25（a）所示的阶跃电压 u_i 时，考虑到信号源总存在内阻的影响，当 $t=0$ 瞬间，输出电压跃变到有限值，随着电容器 C 的充电，输出电压 u_o 将逐渐衰减，最后趋近于零。输出电压 u_o 的波形如图 3.25（b）所示。

若输入为正弦信号 $u_i = \sin\omega t$，根据式（3.17），得

$$u_o = -R_F C\omega\cos\omega t$$

结果说明，微分电路输出 u_o 的幅值将随频率的增加而线性地增加，输入信号频率越高，输出信号幅值会越大。若输入信号含有高频噪声，则输出噪声会很大，所以微分电路很少直接使用。

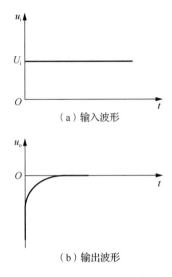

图 3.25　微分电路的阶跃响应

例 3.8　如图 3.26 所示的微分电路，其输入信号 u_i 波形如图 3.27（a）所示，试求输出信号 u_o 的值，并画出波形。

解：这是个微分运算电路，有

$$u_o = -RC\frac{du_i}{dt} = -10\times10^3\times0.001\times10^{-6}\frac{du_i}{dt} = -10^{-5}\frac{du_i}{dt}\text{ V}$$

u_o 的波形如图 3.27（b）所示。

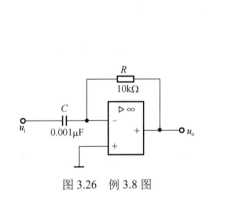

图 3.26　例 3.8 图

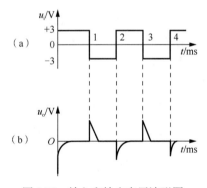

图 3.27　输入和输出电压波形图

例 3.9　图 3.28 是比例-微分运算电路，试求输出电压和输入电压的关系式。

解：

$$u_o = -R_F i_F$$

$$i_F = i_R + i_C = \frac{u_i}{R_1} + C_1\frac{du_i}{dt}$$

$$u_o = -\left(\frac{R_F}{R_1}u_i + R_F C_1\frac{du_i}{dt}\right)$$

上式表明，输出电压是对输入电压的比例-微分。这种运算器又称 PD 调节器，在控制系统中，PD 调节器在调节过程中起加速作用，即使系统有较快的响应速度和工作稳定性。

当输入电压为阶跃信号时，输入和输出电压波形如图 3.29 所示。

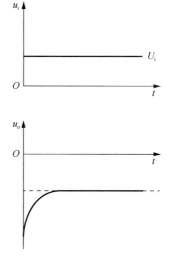

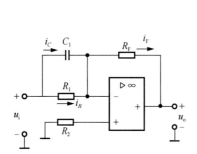

图 3.28　比例-微分运算电路　　　　图 3.29　比例微分电路阶跃输入和输出电压波形图

3.5　信号处理电路

电子信息系统采集的信号来源于测试各种物理量的传感器，而传感器提供的信号往往存在幅值很小、噪声很大、易受干扰等问题，所以一个电子信息系统首先要对采集的信号进行处理。

运算放大器除了组成运算电路，以完成模拟信号的数学运算外，还广泛地用于信号的处理，如信号比较、有源滤波、采样保持、信号放大、精密整流等。

下面介绍一些典型应用电路。

3.5.1　有源滤波器

滤波器的作用实质上是"选频"，即允许特定频率信号通过，而使其他频率的信号急剧衰减，即被滤掉。由 R、L、C 等元件可以构成无源滤波器，含有有源元件（如运算放大器）的滤波器称为有源滤波器。RC 有源滤波器是集成运算放大器在线性状态下进行信号处理的一个重要应用领域，其滤波效果好、体积小，在电子线路中得到广泛应用。

1. 有源低通滤波器

所谓低通就是允许低频信号通过，而滤掉高频信号。图 3.30 是有源低通滤波器电路。

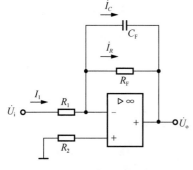

图 3.30　有源低通滤波器

设输入电压 $\dot{U}_i$ 为某一频率正弦电压的相量表示。

由于

$$u_- \approx 0$$

$$\dot{I}_1 = \frac{\dot{U}_i}{R_1}, \dot{I}_R = -\frac{\dot{U}_o}{R_F}, \dot{I}_C = -\dot{U}_o(j\omega C_F)$$

又

$$i_- = i_+ \approx 0$$

所以

$$\dot{I}_1 = \dot{I}_C + \dot{I}_R$$

整理得

$$\frac{\dot{U}_i}{R_1} = -\frac{\dot{U}_o}{R_F} - \dot{U}_o(j\omega C_F)$$

$$\dot{U}_o = -\frac{R_F}{R_1} \cdot \frac{1}{1+j\omega C_F R_F} \dot{U}_i$$

当 $\omega = 0$ 时，

$$\dot{U}_o = -\frac{R_F}{R_1}\dot{U}_i, U_o = \frac{R_F}{R_1}U_i$$

当 $\omega = \frac{1}{R_F C_F}$ 时，

$$\dot{U}_o = -\frac{R_F}{R_1}\frac{1}{1+j}\dot{U}_i, U_o = \frac{1}{\sqrt{2}}\frac{R_F}{R_1}U_i$$

当 $\omega = \infty$ 时，

$$\dot{U}_o = 0, U_o = 0$$

由以上分析可以看出，当频率低时，$\dot{U}_o$ 的幅值大；当频率高时，$\dot{U}_o$ 的幅值小，所以抑制了高频信号。

令 $\omega_0 = \frac{1}{R_F C_F}$，称之为截止角频率，而把 $\omega = 0 \sim \omega_0$ 称为低通滤波器的通频带。

2. 有源高通滤波器

所谓高通就是允许高频信号通过，而滤掉低频信号。图 3.31 是有源高通滤波器电路。

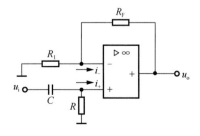

图 3.31　有源高通滤波器电路

因为

$$i_- = i_+ \approx 0, u_- \approx u_+$$

有

$$\dot{U}_- = \frac{R_1}{R_1 + R_F}\dot{U}_o$$

而

$$\dot{U}_+ = \frac{R}{R - j\dfrac{1}{\omega C}}\dot{U}_i = \frac{1}{1 - j\dfrac{1}{\omega RC}}\dot{U}_i$$

由于

$$\dot{U}_+ = \dot{U}_-$$

所以

$$\dot{U}_o = \frac{1 + \dfrac{R_F}{R_1}}{1 - j\dfrac{1}{\omega RC}}\dot{U}_i = \frac{1 + \dfrac{R_F}{R_1}}{1 - j\dfrac{\omega_0}{\omega}}\dot{U}_i \qquad (3.18)$$

令 $\omega_0 = \dfrac{1}{RC}$。当 $\omega = 0$ 时，

$$\dot{U}_o = 0, U_o = 0$$

当 $\omega = \omega_0$ 时，

$$\dot{U}_o = \frac{1 + \dfrac{R_F}{R_1}}{1 - j}\dot{U}_i, \quad U_o = \frac{1}{\sqrt{2}}\left(1 + \frac{R_F}{R_1}\right)U_i$$

当 $\omega = \infty$ 时，

$$\dot{U}_o = \left(1 + \frac{R_F}{R_1}\right)\dot{U}_i, \quad U_o = \left(1 + \frac{R_F}{R_1}\right)U_i$$

由上式可以看出，当频率低时，$\dot{U}_o$ 的幅值小；当频率高时，$\dot{U}_o$ 的幅值大，所以抑制了低频信号。

我们称 $\omega_0 = \dfrac{1}{RC}$ 为截止角频率。当输入信号的角频率大于截止角频率时，输出电压衰减较少，信号基本顺利通过，而把 $\omega = \omega_0 \sim \infty$ 称为高通滤波器的通频带。

3.5.2　电压比较器

电压比较器

电压比较器是集成运算放大器工作在非线性区的一种基本应用电路，是一类常用的模拟信号处理电路。它将一个模拟量输入电压与一个参考电压进行比较，并将比较的结果输出。比较器的输出只有两种可能的状态：高电平或低电平。比较器可应用于越限报警、模/数转换以及各种非正弦波的产生和变换等。

比较器的输入信号是连续变化的模拟量，输出信号是"1"或"0"这样的数字量。

1. 基本电压比较器

图 3.32（a）是一种基本电压比较器。比较器工作在开环状态，由于运算放大器的开环电压放大倍数非常大，即使输入端有一个非常微小的差值信号，就会使输出电压趋于饱和。图中，U_R 为参考电压，u_i 为输入电压，当 u_i 略小于参考电压 U_R 时，输出立即变为负饱和值 $-U_{opp}$；当 u_i 略大于参考电压 U_R 时，则输出立即变为正饱和值 $+U_{opp}$。其传输特性曲线如图 3.32（b）所示。

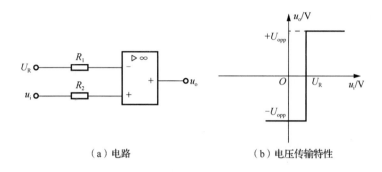

（a）电路　　　　　　　　　（b）电压传输特性

图 3.32　基本电压比较器

例 3.10　电路如图 3.32（a）所示，输入为正弦信号，波形如图 3.33（a）所示，试画出输出波形。

解： 根据前面分析，输出波形如图 3.33（b）所示。

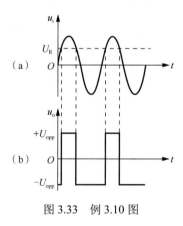

图 3.33　例 3.10 图

2. 过零比较器

如果一个基本电压比较器的参考电压 $U_R = 0$，即输入电压和零电平比较，称为过零比较器，其电路和传输特性曲线如图 3.34 所示。由于运算放大器的开环电压放大倍数 $A_{od} = \infty$，当 $u_i < 0$ 时，$u_o = +U_{opp}$；当 $u_i > 0$ 时，$u_o = -U_{opp}$。

例 3.11　电路如图 3.34（a）所示，当输入电压 u_i 为正弦交流电时，画出输出电压 u_o 的波形。

解： 根据前面分析，输出电压应为矩形波电压，如图 3.35 所示。

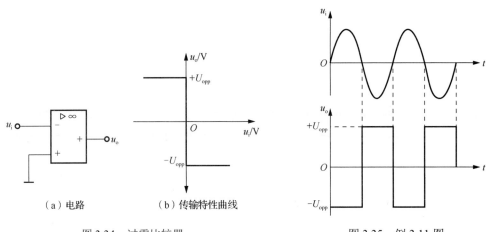

（a）电路　　　　　（b）传输特性曲线

图 3.34　过零比较器　　　　　　　　　图 3.35　例 3.11 图

只用一个开环状态的集成运算放大器组成的过零比较器电路简单，输出电压幅度较高：$u_o = \pm U_{opp}$。有时希望比较器的输出幅度限制在一定的范围内，需要加上一些限幅的措施。利用一个双向稳压管的过零比较器如图 3.36（a）所示，双向稳压管的稳定电压为 $\pm U_Z$，传输特性如图 3.36（b）所示。当 $u_i < 0$ 时，$u_o = +U_Z$；当 $u_i > 0$ 时，$u_o = -U_Z$，这种输出由双向稳压管限幅的电路称为双向限幅电路。

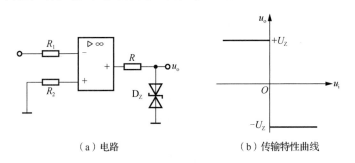

（a）电路　　　　　　　　（b）传输特性曲线

图 3.36　加限幅器的过零比较器

3. 滞回比较器（施密特触发器）

过零比较器具有电路简单、灵敏度高等优点，但抗干扰能力差。输入信号在过零值附近小范围上下波动时，输出电压将不断地在高低电平之间反复跃变，不管这种微小变化来源于输入信号还是外界干扰，都会造成输出电路不稳定。如在控制系统中发生这种情况，将对执行机构产生不利影响。为了提高电路的抗干扰能力，一般采用具有正反馈电路的滞回比较器，如图 3.37（a）所示。

在图 3.37（a）所示电路中，u_+ 由输出电压 u_o 决定。

同相输入端电位为

$$u_+ = \frac{R_2}{R_2 + R_F} u_o$$

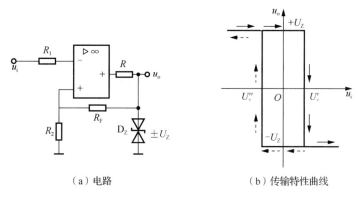

（a）电路　　　　　　　　（b）传输特性曲线

图 3.37　滞回比较器

当输出电压 $u_{\rm o} = +U_{\rm Z}$ 时，

$$U_+ = U_+' = \frac{R_2}{R_2 + R_{\rm F}} U_{\rm Z} \qquad (3.19)$$

当输出电压 $u_{\rm o} = -U_{\rm Z}$ 时，

$$U_+ = U_+'' = -\frac{R_2}{R_2 + R_{\rm F}} U_{\rm Z} \qquad (3.20)$$

设开始时 $u_{\rm o} = +U_{\rm Z}$，$u_{\rm i}$ 由负向正变化，当 $u_{\rm i} > U_+'$ 时，$u_{\rm o}$ 从 $+U_{\rm Z}$ 跳变为 $-U_{\rm Z}$；而当 $u_{\rm i}$ 由正向负变化，必须 $u_{\rm i} < U_+''$，才能使 $u_{\rm o}$ 从 $-U_{\rm Z}$ 跳变为 $+U_{\rm Z}$。这样就产生了图 3.37（b）所示的传输特性曲线。U_+' 称为上门限电压，U_+'' 称为下门限电压，两者之差称为门限宽度或回差。

若图 3.37（a）中的 R_2 不接地，而接一参考电压 $U_{\rm R}$，如图 3.38 所示。则可以通过改变 $U_{\rm R}$ 来改变两个门限电压的大小，但回差电压与参考电压 $U_{\rm R}$ 无关。滞回比较器只要在跳变点附近的干扰电压不超过回差电压，输出电压值就不变，所以适合用于干扰信号比较大的场合。

例 3.12　如图 3.38 所示电路，$R_1 = 7.5{\rm k}\Omega$，$R_2 = 30{\rm k}\Omega$，$R_{\rm F} = 10{\rm k}\Omega$，参考电压 $U_{\rm R} = 6{\rm V}$，稳压管的稳定电压 $U_{\rm Z} = 4{\rm V}$。计算该电路的上下门限电压和门限宽度。

解：在图 3.38 所示电路中，u_+ 由参考电压 $U_{\rm R}$ 和输出电压 $u_{\rm o}$ 共同决定。

上门限电压为

$$\begin{aligned}U_+' &= \frac{R_{\rm F}}{R_2 + R_{\rm F}} \cdot U_{\rm R} + \frac{R_2}{R_2 + R_{\rm F}} \cdot U_{\rm Z}\\ &= \frac{10}{30+10} \times 6 + \frac{30}{30+10} \times 4\\ &= 4.5{\rm V}\end{aligned}$$

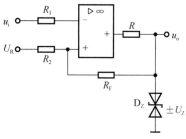

图 3.38　带参考电压的滞回比较器

下门限电压为

$$U_+'' = \frac{R_{\rm F}}{R_2 + R_{\rm F}} \cdot U_{\rm R} - \frac{R_2}{R_2 + R_{\rm F}} \cdot U_{\rm Z} = \frac{10}{30+10} \times 6 - \frac{30}{30+10} \times 4 = -1.5{\rm V}$$

门限宽度为

$$\Delta U_+ = U_+' - U_+'' = 4.5 - (-1.5) = 6\text{V}$$

3.6　非正弦波信号发生器

信号发生器又称为振荡器，是不需要输入信号也能产生各种周期性波形信号的电路装置，如方波、三角波、锯齿波发生器等。正弦波信号发生器在 3.7 节介绍，这里介绍非正弦波信号发生器。

非正弦波信号发生器是集成运算放大器工作在非线性状态的一种典型应用。

3.6.1　方波发生器

方波信号常用作脉冲数字电路的信号源。图 3.39（a）是方波发生器电路，运算放大器作滞回比较器用，D_Z 为双向稳压管，使输出电压的幅值被限制在 $\pm U_Z$。两个输入端的电位 u_- 和 u_+ 相比较，其差值决定输出电压的极性，而 $u_+ = \pm\dfrac{R_1}{R_1 + R_2}U_Z$。

假设 $t = 0$ 时，$u_o = +U_Z$，则 u_+ 为正值，u_o 通过 R_F 对电容 C 充电，即 u_- 升高，一旦 $u_- > u_+$，u_o 就从 $+U_Z$ 翻转到 $-U_Z$，即 $u_o = -U_Z$，而 u_+ 变为负值。电容 C 开始通过 R_F 放电，而后反向充电。当 $u_- < u_+$ 时，u_o 就从 $-U_Z$ 翻转到 $+U_Z$。这样周而复始，电路产生自激振荡，即电路无外加输入电压，而在输出端也有一定频率和幅度的信号输出。图 3.39（b）是振荡波形曲线。

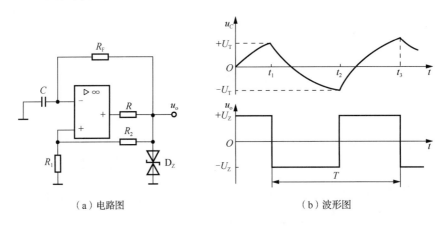

（a）电路图　　　　　　　　（b）波形图

图 3.39　方波发生器

3.6.2　三角波发生器

图 3.40 所示的三角波发生器由两级运算放大器组成，A_1 为滞回比较器，A_2 为积分器。

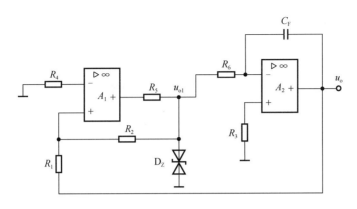

图 3.40　三角波发生器

图中，D_Z 为双向稳压管，A_1 输出电压为 $\pm U_Z$，则

$$u_o = -\frac{1}{R_6 C_F}\int u_{o1}\mathrm{d}t$$

电路稳定后，应用叠加原理可以求出 A_1 同向输入端的电位为

$$u_{1+} = u_{o1}\frac{R_1}{R_1+R_2} + u_o\frac{R_2}{R_1+R_2}$$

因为 A_1 反向输入端的电位为零，因此当 $u_{1+}>0$ 时，A_1 输出为正，即 $u_{o1}=+U_Z$；当 $u_{1+}<0$ 时，A_1 输出为负，即 $u_{o1}=-U_Z$。

假设 $t=0$ 时，$u_{o1}=+U_Z$，u_o 反向积分，A_1 同向输入端的电位为

$$u_{1+} = U_Z\frac{R_1}{R_1+R_2} + u_o\frac{R_2}{R_1+R_2}$$

当 $u_o = -U_Z\dfrac{R_1}{R_2}$ 时，$u_{1+}=0$。u_o 继续反向增大，只要 $|u_{1+}|$ 稍大于零，滞回比较器立刻翻转到 $u_{o1}=-U_Z$。u_o 开始正向积分。当 $u_o = U_Z\dfrac{R_1}{R_2}$ 时，$u_{1+}=0$。u_o 继续正向增大，只要 $|u_{1+}|$ 稍大于零，则 u_{o1} 再次翻转，$u_{o1}=U_Z$。重复上述过程，A_1 输出电压 u_{o1} 为方波，A_2 输出电压 u_o 为三角波。该电路也称为方波-三角波电路。

u_{o1} 和 u_o 的波形图如图 3.41 所示。

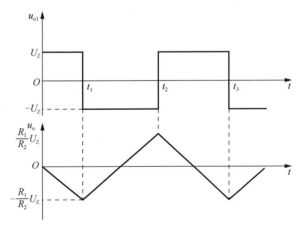

图 3.41　三角波振荡曲线

3.6.3　锯齿波发生器

锯齿波信号发生器电路如图 3.42 所示。它与前述三角波发生器电路的区别主要在于积分电路充放电回路不同。积分电路反相输入端的

锯齿波发生器

电阻分为两路，这样正、负向积分的时间常数大小不等，从而使积分器电路的输出为锯齿波。

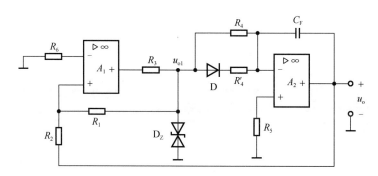

图 3.42　锯齿波信号发生器电路

当 $u_{o1} = -U_Z$ 时，二极管 D 截止，积分时间常数为 R_4C_F。当 $u_{o1} = U_Z$ 时，二极管 D 导通，积分时间常数为 $(R_4 /\!/ R'_4)C_F$，远小于 $u_{o1} = -U_Z$ 时的积分时间常数 R_4C_F。输出 u_o 波形如图 3.43 所示。可见，正、负向积分的速率相差很大，T_2 远小于 T_1，A_2 输出 u_o 为锯齿波。

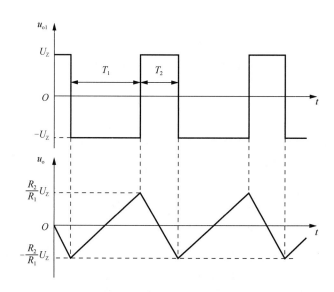

图 3.43　锯齿波信号发生器波形

锯齿波发生器电路被广泛应用于各种屏幕的扫描系统中。

3.7　正弦波振荡电路

正弦波振荡电路与 3.6 节介绍的非正弦波信号发生器都属于信号产生电路，正弦波振荡电路输出正弦波信号，有 RC 振荡电路和 LC 振荡电路。

3.7.1　正弦波振荡电路的基本原理

正弦波振荡电路是一种基本的模拟电子电路。电子技术实验中使用的低频信号发生器就是一种正弦波振荡电路。为了产生正弦波，必须在放大电路中引入正反馈，因此基本放大电路和正反馈网络是振荡电路的主要组成部分。但是因为振荡电路要产生正弦波信号，需仅对某单一频率的信号满足正反馈，对其他频率分量均不满足正反馈条件，为了满足这一条件，电路需引入选频网络，即对不同频率的信号具有不同传输特性。因此选频网络是振荡电路不可或缺的组成部分。

放大电路在输入端不外接信号时，在输出端仍有一定频率和幅度的信号输出，这种现象称为放大器的自激振荡。振荡器利用正反馈的原理，在没有输入信号的情况下，本身产生自激振荡，从而将电源的直流电能转变为交流电能供负载使用。振荡的幅值和频率一般都能在一定范围内进行调节。在放大器中要防止自激振荡产生，而在振荡电路中则是利用自激振荡工作，要充分满足自激振荡的条件，使其产生所需要频率和幅度的交流信号。

为了说明自激振荡现象，需要进一步分析产生振荡的具体条件。

如图 3.44 所示，A_0 为放大器开环放大倍数，F 为反馈网络的反馈系数，$\dot{U}_i$ 为输入的正弦信号电压。当开关 S 合到 a 端时，在 $\dot{U}_i$ 的作用下，输出电压为 $\dot{U}_o = A_0 \dot{U}_i$，反馈电压为 $\dot{U}_f = F\dot{U}_o = A_0 F \dot{U}_i$。若将开关 S 换接到 b 端，输出电压仍为 $\dot{U}_o$ 时，则必须使 $\dot{U}_f = \dot{U}_i$，由此得

$$A_0 F \dot{U}_i = \dot{U}_i$$

即

$$A_0 F = 1 \qquad\qquad (3.21)$$

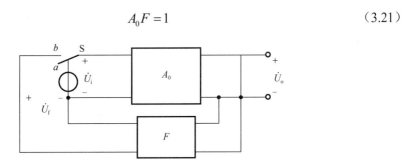

图 3.44　反馈放大器产生振荡的框图

这时，即使没有输入电压 $\dot{U}_i$，也有输出电压 $\dot{U}_o$。反馈电压 $\dot{U}_f$ 代替了 $\dot{U}_i$ 的作用。

式（3.21）就是具有反馈放大电路产生自激振荡的条件。

下面简要介绍 RC 正弦波振荡电路和 LC 正弦波振荡电路。

3.7.2　RC 正弦波振荡电路

RC 正弦波振荡器一般用来产生 1MHz 以下的低频信号。

图 3.45 是用运算放大器组成的桥式振荡器。它由两部分构成，即放大电路和选频网

络。其中，放大电路是由 R_F 和 R_1 组成的电压串联负反馈放大电路，起稳幅作用；选频网络为 RC 串并联电路，功能为正反馈和选频。

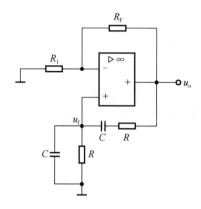

图 3.45　RC 正弦波振荡器

由式（3.21）可得

$$F = \frac{\dot U_f}{\dot U_o} = \frac{R /\!/ (1/j\omega C)}{R + (1/j\omega C) + R /\!/ (1/j\omega C)} = \frac{1}{3 + j\left(\omega RC - \dfrac{1}{\omega RC}\right)} = \frac{1}{3 + j\left(\dfrac{\omega}{\omega_0} - \dfrac{\omega_0}{\omega}\right)}$$

式中，$\omega_0 = \dfrac{1}{RC}$。

由此可得幅频特性：

$$|F| = \frac{1}{\sqrt{3^2 + \left(\dfrac{\omega}{\omega_0} - \dfrac{\omega_0}{\omega}\right)^2}} \tag{3.22}$$

相频特性：

$$\varphi_F = -\arctan \frac{\dfrac{\omega}{\omega_0} - \dfrac{\omega_0}{\omega}}{3} \tag{3.23}$$

当 $\omega = \omega_0 = \dfrac{1}{RC}$ 时，$F = \dfrac{1}{3}$，此时 F 的幅值最大，相角为零，

$$|F| = \frac{1}{3}, \varphi_F = 0 \tag{3.24}$$

这就是说，当 $\omega = \omega_0 = \dfrac{1}{RC}$ 时，$\dot U_f$ 的幅值最大，是 $\dot U_o$ 幅值的 $\dfrac{1}{3}$，且 $\dot U_f$ 和 $\dot U_o$ 同相。当 ω 偏离 ω_0 时，$|F|$ 急剧下降，信号几乎不能通过反馈网络。由此可见，RC 串并联电路具有选频特性，改变选频网络 RC 参数，可以改变振荡频率。

根据产生自激振荡的条件 $A_0 F = 1$，则 $A_0 = 3$，说明要求放大电路的输出电压与输入电压同相，且放大倍数等于 3。同相输入的运算放大电路可以满足这一条件，由

$$A_{uf} = 1 + \frac{R_F}{R_1}$$

如果 $R_F = 2R_1$，则 $A_{uf} = 3$，就可满足振荡条件。

3.7.3 *LC* 正弦波振荡电路

LC 正弦波振荡器可产生高频振荡，频率可以达到几十兆赫以上。

1. *LC* 选频网络

图 3.46 是 *LC* 并联回路，*R* 为等效电阻。其复阻抗为

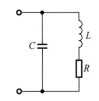

$$Z \approx \frac{\dfrac{L}{C}}{R + j\left(\omega L - \dfrac{1}{\omega C}\right)} \qquad (3.25)$$

当 $\omega L - \dfrac{1}{\omega C} = 0$ 时，产生并联谐振，其谐振角频率为

$$\omega_0 = \frac{1}{\sqrt{LC}}$$

图 3.46 *LC* 并联回路

在谐振状态，回路的等效复阻抗为纯电阻，其值最大：

$$Z = \frac{L}{RC} \qquad (3.26)$$

LC 振荡电路的选频特性，决定于 *LC* 选频网络的品质因数 *Q*：

$$Q = \frac{\omega_0 L}{R} = \frac{1}{\omega_0 CR} \qquad (3.27)$$

Q 值越大，其谐振曲线越尖锐，选频能力就越强。

2. 变压器反馈式振荡电路

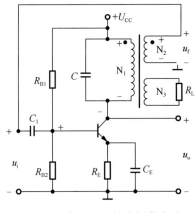

图 3.47 变压器反馈式振荡电路

图 3.47 是变压器反馈式振荡电路。它由晶体管放大器、变压器反馈电路和 *LC* 选频电路三部分组成。

变压器原绕组的电感 *L* 与电容 *C* 组成并联谐振电路，作为选频网络。同时并联谐振时的等效电阻作为晶体管集电极负载电阻，变压器另两个绕组一个作为反馈绕组（N_2），一个作为输出绕组，接负载电阻 R_L。反馈电压 u_f 加到三极管输入端。图中，R_{B1}、R_{B2} 和 R_E 组成放大器的偏置电路，C_1 为输入耦合电容，C_E 为射极旁路电容。

反馈电压一定要满足振荡的相位条件。这里变压器线圈上的"·"为同名端，它们有相同的瞬时极性。

可以用瞬时极性法判别是否满足相位条件。当输入端为"+"时，集电极端为"−"，变压器绕组 L 上感应电压为上"+"下"−"，因而 N$_2$ 绕组同名端也为"+"，说明反馈电压加到输入端为正反馈，与输入电压同相，满足相位条件。

反馈电压要满足振荡的振幅条件，可通过适当选择 N$_2$ 匝数，得到适当的变比，使反馈电压幅度足够大。

该振荡器满足相位和振幅条件，振荡频率决定于 L、C 的大小：

$$f_0 = \frac{1}{2\pi\sqrt{LC}} \tag{3.28}$$

3. LC 振荡器的基本电路

图 3.48 是电感三点式 LC 振荡器。从图中可以看到，用一个有中间抽头的线圈来代替有两个绕组的变压器，同样可以获得正反馈，以构成振荡电路。电感上也标有同名端。当输入端极性为"+"时，则晶体管集电极的极性为"−"，电感两部分都是上"+"下"−"，反馈电压为 L$_2$ 上电压，"+"端反馈到输入端，所以为正反馈，满足振荡条件。振荡频率为

$$f_0 = \frac{1}{2\pi\sqrt{(L_1+L_2+2M)C}} \tag{3.29}$$

式中，L$_1$、L$_2$ 为电感；M 为互感系数。

为了实现正反馈，也可以用电容作为反馈元件，图 3.49 是电容三点式 LC 振荡电路。反馈电压从 C$_2$ 上取出，显然满足正反馈条件。电容三点式 LC 振荡器振荡频率为

$$f_0 = \frac{1}{2\pi\sqrt{L\frac{C_1C_2}{C_1+C_2}}} \tag{3.30}$$

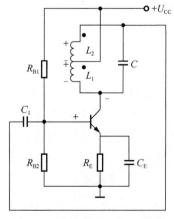 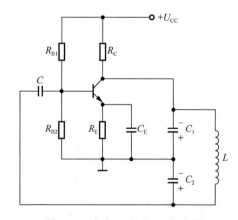

图 3.48　电感三点式 LC 振荡器　　　　图 3.49　电容三点式 LC 振荡器

LC 振荡电路中，频率的稳定度相对较差，主要原因是品质因数 Q 不能太高。如果采用石英晶体振荡器，则可使振荡频率稳定度提高。石英晶体振荡电路是利用石英晶体

的压电效应制成的，基本分为串联型晶体振荡电路和并联型晶体振荡电路两种，本书不再详细介绍，读者可参阅其他书籍。

3.8　集成运算放大器应用中的注意事项

集成运算放大器的应用非常广泛，只有正确地使用，才能达到预期效果。

1. 集成运算放大器的选择

集成运算放大器发展十分迅速，通用型产品各项指标不断改进，同时出现了适应特殊需要的各种专用型集成运算放大器，有高精度型、低功耗型、高阻型、高速型、高压型、大功率型等。

使用时，首先从性价比上考虑，尽量选用通用型集成运算放大器，当通用型不能满足技术指标要求时，再选择专用型集成运算放大器。应根据电路的实际要求，参照主要技术指标进行选择，如系统要求精度高、共模抑制比高、噪声干扰低，则选择高精度型集成运算放大器；若系统对功耗有要求，如在生物科学和空间技术的研究中，需要运算放大器工作在很低的电源电压之下，要选择低功耗型集成运算放大器；在搭建有源滤波器电路时，需要使用高输入电阻的运算放大器，可以选择高阻型运算放大器。

2. 消振

集成运算放大器使用中，当输入电压为零，利用示波器可以观察到运算放大器的输出端存在一个频率较高、近似为正弦波的输出信号，这个信号不稳定，当人体或金属物体靠近时，输出波形会发生明显的变化，这种异常现象是由于自激振荡。

消振的方法是补偿法，即在集成运算放大器规定位置接入补偿电路，破坏电路产生自激振荡的条件。随着集成工艺水平的提高，一般运算放大器产品采用内补偿方式，即内部电路已设置消振的网络。

3. 调零

集成运算放大器在理想的情况下，当输入电压为零时，其输出电压应该为零，因此许多实际电路需要对集成运算放大器进行调零。

集成运算放大器通常都有调零端，通过调节调零电位器实现调零。无输入信号时，把两个输入端接地，通过调节调零电位器的阻值使输出电压为零。

4. 保护措施

集成运算放大器使用过程中，应在电路中采取必要的保护措施，如电源保护、输入端保护和输出端保护。

1）电源保护

电源的常见故障是电源极性接反，利用二极管的单向导电性，可防止此类事故。

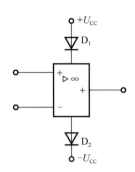

图 3.50 电源保护电路

如图 3.50 所示，在电源引线上分别串联两个二极管，当电源极性接错时，二极管截止，避免意外发生。

2）输入端保护

集成运算放大器输入端所加的差模或共模电压过高时，会造成集成运算放大器损坏，可在输入端接入反向并联的二极管，如图 3.51 所示，将输入信号幅度限制在二极管的正向压降以下。

3）输出端保护

当集成运算放大器输出端过载或短路时，如果没有保护电路，就会使集成运算放大器损坏。有些集成运算放大器内部设置了限流保护或短路保护，对于没有内部保护电路的集成运算放大器，可将两只稳压管反向对接在输出端与地之间，如图 3.52 所示。当输出电压过高时，稳压管会被反向击穿，运算放大器的输出电压会被限制在 $\pm(U_Z+U_D)$ 范围内，其中，U_Z 为稳压管的稳定电压，U_D 为它的正向压降。

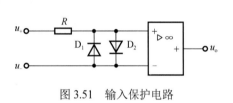

图 3.51 输入保护电路

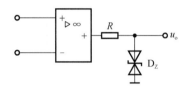

图 3.52 输出保护电路

习 题

3.1 如图 3.53 所示，若 R_F=150kΩ，欲使 $u_o=16u_i$，R_1 的取值应为多少？若 $U_{opp}=\pm12V$，u_i 的最大值应为多少？

3.2 电路如图 3.54 所示，求输出电压 u_o 的表达式。

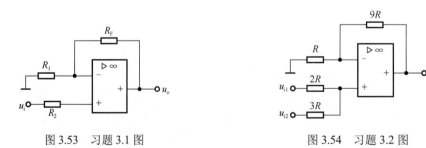

图 3.53 习题 3.1 图　　　　图 3.54 习题 3.2 图

3.3 如图 3.55（a）所示电路，$R_1=R_2=R_F$，若输入电压 u_{i1} 和 u_{i2} 的波形如图 3.55（b）所示，试画出输出电压 u_o 的波形。

3.4 电路如图 3.56 所示，试分别求出它们的输出电压与输入电压的函数关系。

3.5 试用两个运算放大器及若干个电阻实现 $u_o=3u_{i1}+5u_{i2}-6u_{i3}$ 的运算关系，画出电路图，设反馈电阻 $R_{F1}=R_{F2}=300$kΩ，计算其他电阻值。

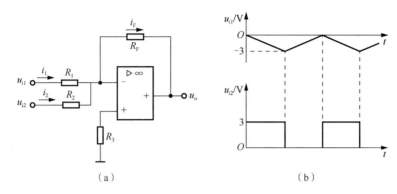

图 3.55　习题 3.3 图

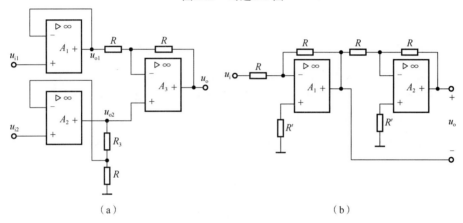

图 3.56　习题 3.4 图

3.6　如图 3.57 所示电路中的运算放大器均为理想组件。已知 $u_{i1} = 2V$, $u_{i2} = -6V$, $u_{i3} = 6V$, $u_{i4} = -1V$, $R_1 = R_{F3} = 6k\Omega$, $R_2 = 3k\Omega$, $R_3 = R_5 = R_{F2} = 4k\Omega$, $R_4 = 2k\Omega$, $R_6 = R_{F1} = 24k\Omega$, $R_7 = 12k\Omega$。求 u_{o1}、u_{o2} 及 u_{o3} 的值。

3.7　图 3.58 是求和积分电路。求其输出电压与输入电压的关系式。

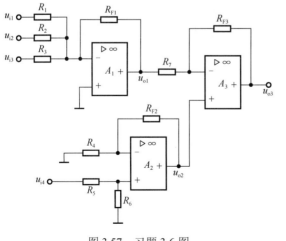

图 3.57　习题 3.6 图

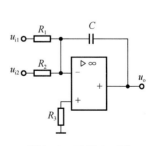

图 3.58　习题 3.7 图

3.8 运算放大电路如图 3.59 所示。已知输入电压 u_{i1} 和 u_{i2}，求输出电压 u_o 的表达式。

3.9 运算放大电路如图 3.60 所示。若 $u_i = -2V, R_1 = R_2 = 24k\Omega, R_3 = R_4 = 2k\Omega, R_5 = R_F = 8k\Omega, C_F = 10\mu F, U_{opp} = \pm 12V$。问需多长时间才能使 $u_o = 10V$ ？

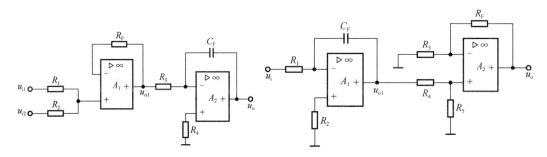

图 3.59 习题 3.8 图   图 3.60 习题 3.9 图

3.10 运算放大电路如图 3.61（a）所示，输入电压 u_i 的波形如图 3.61（b）所示，已知 $R_1 = R_2 = R_{F2} = 10k\Omega, R_3 = R_5 = R_{F1} = 100k\Omega, R_4 = R_6 = 20k\Omega, C = 10\mu F$，运算放大器的饱和电压 $U_{opp} = \pm 4V$。（1）求各输出端电压 u_{o1}、u_{o2}、u_{o3} 及 u_o 的值或表达式；（2）画出各输出端电压的波形；（3）当 $t = 1s, 3s, 5s$ 时，u_{o1}、u_{o2}、u_{o3}、u_o 的值为多少？

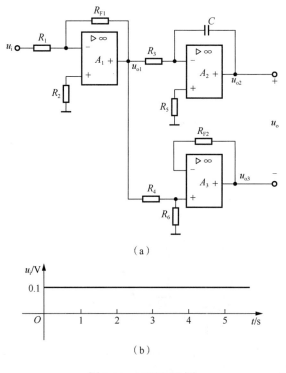

（a）

（b）

图 3.61 习题 3.10 图

3.11 如图 3.62（a）所示积分电路，其输入波形如图 3.62（b）所示，已知 $U_{opp} = \pm 10V$，当 $t = 0$ 时 $u_o = 0$。试画出输出电压 u_o 的波形。

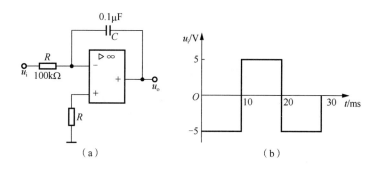

图 3.62　习题 3.11 图

3.12　如图 3.63（a）所示微分电路，其输入波形如图 3.63（b）所示，试求输出电压 u_o 的表达式，并画出波形。

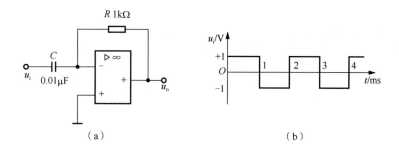

图 3.63　习题 3.12 图

3.13　运算放大电路如图 3.64 所示，已知 $U_{opp} = \pm10V$, $u_{i1} = 6V$, $u_{i2} = 1V$, $R_1 = R_3 = R_4 = 2k\Omega$, $R_2 = R_{F1} = R_{F2} = 4k\Omega$, $R_5 = R_6 = 50k\Omega$, $R_7 = R_8 = 20k\Omega$, $C_F = 2\mu F$，求：（1） u_{o1}、u_{o2}、u_{o3}、u_{o4} 的值或表达式；（2）当 $t = 1s$、$4s$ 时，u_o 的值。

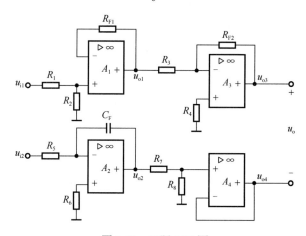

图 3.64　习题 3.13 图

3.14　如图 3.65（a）所示电路，$U_{\text{opp}} = \pm 12\text{V}$，参考电压 $U_R = 3\text{V}$，若输入电压波形如图 3.65（b）所示，试画出输出电压 u_o 的波形。

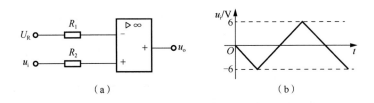

（a）　　　　　　　　　　　　　（b）

图 3.65　习题 3.14 图

3.15　如图 3.66（a）所示电路，$R_1 = R_2 = 10\text{k}\Omega, R_F = 30\text{k}\Omega$，参考电压 $U_R = 2\text{V}$，稳压管的稳定电压 $U_Z = 6\text{V}$。（1）计算该电路上下限电平及门限宽度；（2）若输入电压波形如图 3.66（b）所示，画出输出电压 u_o 的波形。

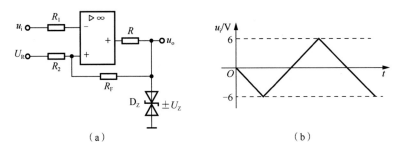

（a）　　　　　　　　　　　　　（b）

图 3.66　习题 3.15 图

第4章 门电路和组合逻辑电路

4.1 概　　述

数字系统已经成为日常生活的组成部分，数字系统的物理实现是用电子电路完成的。电子电路分两大类：一类是模拟电路，其中的信号（电压和电流）是随时间连续变化的物理量，处理模拟信号的电路称为模拟电路；另一类是数字电路，其信号在时间和数值上都是离散的脉冲信号，处理数字信号的电路称为数字电路。由于数字电路具有速度快、精度高、抗干扰能力强等优点，目前数字电路及系统已广泛地应用于生产和生活中，如计算技术、数字通信、测量仪表、电视和生产过程的自动控制等领域。

数字电路的特点是：

（1）信号是随时间不连续变化的两个离散量，反映在电路上就是低电平和高电平两种状态，这两种状态可用逻辑 0 和逻辑 1 两个数字表示。

数字电路的特点

（2）稳态时三极管一般都是工作在开、关状态。

（3）研究的主要问题是输入信号的状态和输出信号的状态之间的逻辑关系，即电路的逻辑功能。

（4）使用的主要方法是逻辑分析和逻辑设计，主要工具是逻辑代数。

组合电路和时序电路是数字电路的两大类。门电路是组合电路的基本单元，触发器是时序电路的基本单元。

分析数字电路的数学工具是逻辑代数，也叫布尔代数，是英国数学家乔治·布尔（George Boole）在 19 世纪首先提出的，被广泛应用于数字电路的分析与设计。

逻辑代数是按一定逻辑规律进行运算的代数，其自变量只有两种取值，即 0 和 1。这里的 0 和 1 不代表数量的大小，而是表示两种独立的逻辑状态。例如，用 1 和 0 表示事物的"真"和"假"、开关的"闭合"与"断开"、电灯的"亮"和"灭"等。

数字电路中的两种相反的状态用数字 0 和 1 来表示，有两种表示方法，一种是用 1 表示高电平，用 0 表示低电平，这就是正逻辑系统。另一种是用 1 表示低电平，用 0 表示高电平，这就是负逻辑系统。本书如无特殊说明，一律采用正逻辑。

由于温度变化、电源电压波动、元器件特性变化、干扰等原因的影响，实际的高电平和低电平都不是一个固定的值，它们表示的都是一定的电压范围。如果在此范围内，就判定为逻辑 1 或逻辑 0。如图 4.1 所示，高电平可在 3～5V 波动，低电平可在 0～0.4V 波动，这就限制了高电平和低电平的变化范围。在实际应用中，对于各种集成与非门电路，规定了一个高电平的下限值和低电平的上限值。这是因为高电平过低或者低电平过高都会破坏电路的逻辑功能，因此高电平不能低于其下限值，而低电平不能高于其上限值。

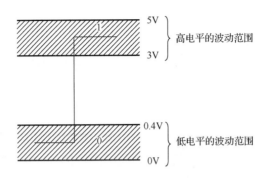

图 4.1 高低电平变化范围

4.2 基本门电路

基本门电路

逻辑门电路是指能完成一些基本逻辑功能的电子电路，简称门电路。门电路是构成数字系统最基本的单元电路，常用的门电路有与门、或门、非门、与非门、或非门、异或门等。门电路的输入信号和输出信号之间具有一定的逻辑关系，因此由各种门电路组成的逻辑电路可以实现具有某种功能的数字电路。

4.2.1 与逻辑（AND）

当决定一件事情的各个条件全部具备时，这件事才会发生，这样的因果关系我们称之为与逻辑关系。

由二极管和电阻组成的与门电路及其逻辑符号如图 4.2 所示。它有三个输入端 A、B、C 和一个输出端 F，下面讨论不同输入情况下的输出状态。

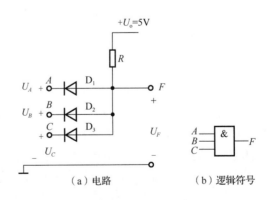

（a）电路   （b）逻辑符号

图 4.2 二极管与门

（1）如有一个或几个输入端接地，例如 C 端接地，即 $U_C = 0$。在这种情况下，二极管 D_3 处于正向偏置而导通；如果忽略二极管压降，得到 $U_F \approx 0V$ 或 $F=0$（逻辑 0）。其他输入端 A 和 B 为高电平，即 $U_A = U_B = 3V$，此时二极管 D_1、D_2 都因承受反向电压而截止。

（2）当全部输入端都是高电平（逻辑 1），即 $U_A = U_B = U_C = 3\text{V}$ 时，所有二极管都处于正向偏置而导通，则 $U_F \approx 3\text{V}$ 或 $F=1$（逻辑 1）。

可见，只有当全部输入端 A、B 和 C 都是 1 时，输出才是 1。这就是与逻辑关系。现实生活中，这种与的关系是很多的。如图 4.3 所示，开关 A、B 与灯 L 串联。当所有的开关都闭合时，灯才亮。设开关闭合及灯亮为状态 1，开关断开及灯灭为状态 0，则只有当 A 与 B 都是状态 1 时，L 才为状态 1。这就代表了一种与逻辑功能。开关 A、B 可以表示不同的输入状态，灯 L 代表输出状态。

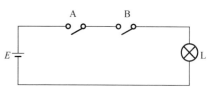

图 4.3　与逻辑关系举例

表 4.1 给出了图 4.2 输入和输出的所有可能的组合。这种完整地表达所有可能的逻辑关系的表格，称为真值表（或逻辑状态表）。真值表的组合数是 2^n，其中，n 是输入端个数，2 代表输入信号的两种可能状态（0 或 1）。这里，$2^n = 2^3 = 8$。

表 4.1　具有三个输入端的与门真值表

A	B	C	F
0	0	0	0
0	0	1	0
0	1	0	0
0	1	1	0
1	0	0	0
1	0	1	0
1	1	0	0
1	1	1	1

与逻辑关系式为

$$F = A \cdot B \cdot C \qquad\qquad (4.1)$$

式（4.1）代表与逻辑关系，称为与逻辑函数。A、B、C 为逻辑变量。逻辑结果与逻辑变量之间的关系可以用真值表来表示，也可以用逻辑函数来表示。

与门应用举例如下。图 4.4 是频率计中的控制电路，A 端是时钟脉冲的输入端，B 端是控制开门和关门的门控信号输入端。当门控信号为 0 时，输出被二极管 D_2 钳位在 0V（忽略二极管压降），二极管 D_1 处于反向偏置而截止。这样，A 端时钟脉冲不能通过 D_1 送到输出端 F，这时相当于逻辑门被关闭。当门控信号为 1 时，F 端输出波形和 A 端时钟脉冲一样，这好像门被打开了，时钟脉冲通过 D_1 送到输出端。

如果时钟脉冲由计数器进行计数，设 B 端开门时间为 1s，那么由计数器所得的读数就是 A 端被测信号的频率。

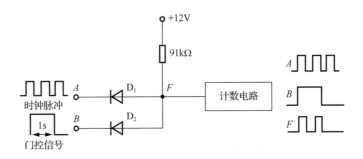

图 4.4　频率计中"与"电路的应用

4.2.2　或逻辑（OR）

当决定一件事情的各个条件中，只要具备一个或者一个以上的条件，这件事情就会发生，这种因果关系我们称之为或逻辑关系。

这种或逻辑关系在实际生活中也经常看到。如图 4.5 所示，并联的两个开关 A、B 控制电灯 L。显然，只要开关 A 或 B 或 A、B 同时闭合，电灯 L 就亮。设开关闭合及灯亮为状态 1，开关断开及灯灭为状态 0，则当 A 或 B 或 A、B 为 1 态时，L 就为 1 态。这就是或逻辑功能。

由二极管和电阻组成的或门电路及逻辑符号如图 4.6 所示，其工作原理如下：

（1）当全部输入端都为 0，各二极管均正向偏置，如果忽略二极管压降，则输出 $U_F \approx 0\text{V}$ 或 $F=0$。

（2）当任一个输入端为 1，例如，$U_A=3\text{V}$，而 $U_B=0\text{V}$ 时，加到二极管 D_1 的电压较高，D_1 优先导通，输出 F 被钳位在 3V（忽略二极管压降）。此时 D_2 处于反向偏置而截止，因此输出 $F=1$。

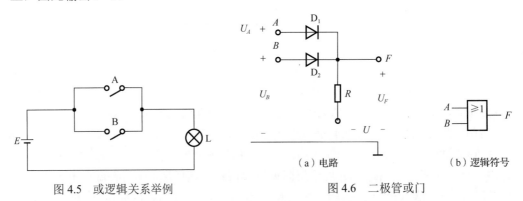

图 4.5　或逻辑关系举例　　　　　　　　（a）电路　　　　　　（b）逻辑符号

图 4.6　二极管或门

表 4.2 是具有两个输入端的或门真值表。表 4.2 说明，输入端 A 或 B 只要有一个为 1，输出 F 就为 1。这就是或逻辑关系，可表示为

$$F = A + B \tag{4.2}$$

表 4.2　具有两个输入端的或门真值表

A	B	F
0	0	0
0	1	1
1	0	1
1	1	1

　　由二极管组成的门电路的优点是简单、经济。但是许多门互相连接的时候，由于二极管有正向压降，通过一级门电路以后输出电平对输入电平约有 0.7V（硅管）的偏移。这样，经过一连串的门电路后，高低电平就会严重偏离原来的数值，最后导致逻辑关系错误。而且二极管门电路带负载能力也较差。

4.2.3　非逻辑（NOT）

　　非就是相反或者否定的意思。如图 4.7（a）所示，当 A 闭合时，灯灭；当 A 断开时，灯亮。因此，开关闭合与灯亮是非逻辑关系。

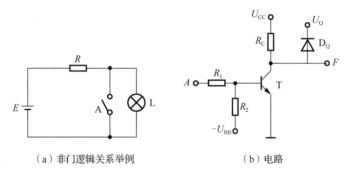

（a）非门逻辑关系举例　　　　（b）电路

图 4.7　非门电路

　　晶体管非门电路如图 4.7（b）所示。图中，U_Q 为钳位电源，D_Q 为钳位二极管。在非门电路中要求晶体管工作在开关状态。当输入 A 是逻辑 1（U_A=3V）时，T 饱和导通，输出 F 为 0（$U_F \approx 0$）；当输入 A 是逻辑 0（$U_A \approx 0$）时，T 截止，输出 F 为 1（$U_F \approx U_Q$）。这样就实现了非逻辑功能。负电源-U_{BB} 的作用是保证输入为 0 时 T 能可靠截止，U_Q、D_Q 的作用是使输出高电平为规定值。图 4.8 是非门的真值表和逻辑符号。

A	F
0	1
1	0

（a）非门真值表　　　　（b）非门符号

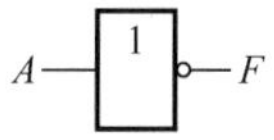

图 4.8　非门真值表与逻辑符号

非逻辑关系可以表示如下：

$$F = \overline{A} \tag{4.3}$$

非门的输出电流（功率）较大，带负载能力强，而且没有电平偏移问题。因此实际的基本逻辑单元一般都是由非门和其他（与、或）门构成与非门和或非门。它们在逻辑电路中得到广泛的应用。

4.2.4　复合运算

与、或、非是逻辑代数基本的逻辑运算，由这三种基本运算可以组成多逻辑运算，常用的复合逻辑运算有与非、或非、异或、同或等。

1. 与非

把与门的输出接到非门的输入，如图 4.9 所示，就构成了与非门。

图 4.10 是具有两个输入端的与非门逻辑符号和真值表。

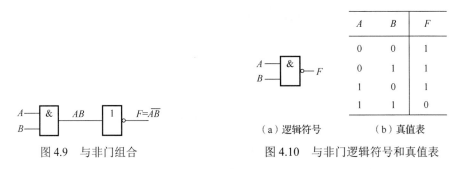

A	B	F
0	0	1
0	1	1
1	0	1
1	1	0

（a）逻辑符号　　　（b）真值表

图 4.9　与非门组合　　　　　　图 4.10　与非门逻辑符号和真值表

由与非门真值表可见，仅当与非门的输入全为 1 时，输出才为 0。输入和输出之间是与非关系，相应的逻辑函数式为

$$F = \overline{AB} \tag{4.4}$$

2. 或非

把或门的输出接到非门的输入端，如图 4.11 所示，就构成了或非门。

图 4.12 是具有两个输入端的或非门的逻辑符号和真值表。

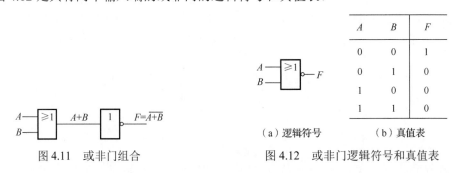

A	B	F
0	0	1
0	1	0
1	0	0
1	1	0

（a）逻辑符号　　　（b）真值表

图 4.11　或非门组合　　　　　　图 4.12　或非门逻辑符号和真值表

由或非门的真值表可见，或非门的输入只要有一个为 1，输出就为 0。输入和输出之间是或非关系，相应的逻辑函数式为

$$F = \overline{\overline{A} + B} \tag{4.5}$$

3. 异或

异或门的逻辑符号如图 4.13（a）所示。异或门的真值表如图 4.13（b）所示。由图 4.13 可知，输入相同输出为 0；输入不同输出为 1。输入和输出之间是异或关系，相应的逻辑函数式为

$$F = A\overline{B} + B\overline{A} = A \oplus B \tag{4.6}$$

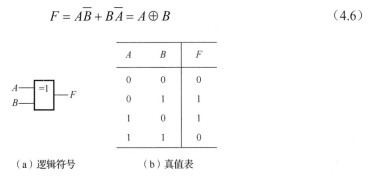

A	B	F
0	0	0
0	1	1
1	0	1
1	1	0

（a）逻辑符号　　　　（b）真值表

图 4.13　异或门

4. 同或

同或门的逻辑符号如图 4.14（a）所示。同或门的真值表如图 4.14（b）所示。由图 4.14 可知，输入不同输出为 0；输入相同输出为 1。输入和输出之间是同或关系，可用于判断各输入端的状态是否相同，称为"判一致电路"。相应的逻辑函数式为

$$F = AB + \overline{A}\,\overline{B} = \overline{A \oplus B} \tag{4.7}$$

从异或及同或的真值表中可见，同或门的功能是异或门的反（非）。因此同或门亦可表示为异或非。

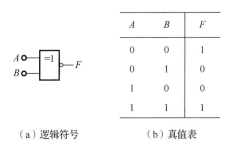

A	B	F
0	0	1
0	1	0
1	0	0
1	1	1

（a）逻辑符号　　　　（b）真值表

图 4.14　同或门

4.3　数字集成逻辑电路

集成门电路具有体积小、可靠性高、耗电少、速度快、便于多级连接等优点，因而得到广泛应用。数字集成电路按所用半导体器件的不同，又可分为两大类：一类是以双

极型晶体管为基本元件组成的集成电路，称为双极型数字集成电路，属于这一类的有二极管–晶体管逻辑（diode-transistor logic，DTL）和晶体管–晶体管逻辑（transistor- transistor logic，TTL）等；另一类是以金属–氧化物–半导体（metal-oxide-semiconductor，MOS）晶体管为基本元件组成的集成电路，称为 MOS 型（或单极型）数字集成电路，属于这一类的有 N 型金属–氧化物–半导体（N-channel metal-oxide-semiconductor，NMOS）和互补金属–氧化物–半导体（complement metal-oxide-semiconductor，CMOS）等。

　　对于使用者来说，数字集成器件一般只需要作为具有一定逻辑的器件来对待，而对其内部电路不必深究。为了正确使用集成门电路，除了掌握其逻辑功能外，还应了解它们的特性和主要参数。

4.3.1　TTL 与非门电路

　　在集成电路中，由晶体管构成的逻辑电路称为晶体管–晶体管逻辑电路，或者简称TTL。一片集成电路可以封装多个与非门电路，各个门的输入和输出端分别通过引脚与外部电路相连，图 4.15 是四与非门集成电路 74LS00 的引线图。一片集成电路内的各个逻辑门互相独立，可以单独使用，但共用一根电源引线和一根地线。不同型号的集成与非门电路，其输入端个数可能不同。

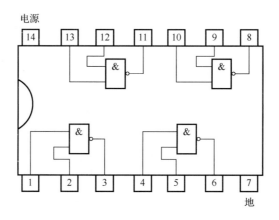

图 4.15　74LS00（2 输入 4 门）外部引线图

　　多输入端的与非门电路，若只使用部分输入端时，不使用的端子可以有下面三种处理方法，如图 4.16 所示。

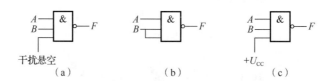

图 4.16　不用端子的处理

第一种方法：因为与非门输入端处于悬空状态时和输入 1 的作用相同，所以不使用的输入端可以不连接而悬空，如图 4.16（a）所示。不过输入端悬空容易受干扰。

第二种方法：把一些端子连在一起，合并成所需的几个输入端，如图 4.16（b）所示。

第三种方法：与电源直接相连，如图 4.16（c）所示。

TTL 与非门输入/输出特性如图 4.17 所示。它表示输出电压 U_o 随输入电压 U_i（与非门一输入端接 U_i，其他端接电源正极）变化的规律。

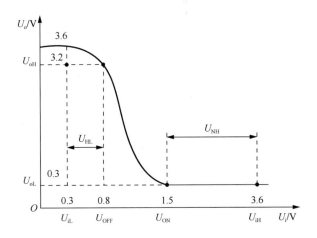

图 4.17　输入/输出特性

当 $U_i=0$ 时，输出为高电平 U_{oH}；U_i 增加，U_{oH} 基本保持不变。之后，随着 U_i 增高，U_o 开始下降；U_i 继续升高，输出电压 U_o 下降很快。当 U_i 大于 1.5V 之后，输出电压降至 U_{oL}，U_i 再增高，输出电压 U_{oL} 保持不变。

TTL 与非门的主要参数如下。

1. 标称逻辑电平

TTL 与非门在理想工作条件下，输出高电平 U_{oH}（逻辑 1）和输出低电平 U_{oL}（逻辑 0）的电压值，称为标称逻辑电平。

输出高电平 U_{oH}，一般规定为高电平的下限，其值随不同型号的产品而异。如某种 TTL 逻辑门电路，其电源电压为 5V，高电平的下限为 3.2V，则输出高电平 U_{oH} 不小于 3.2V 为合格。

输出低电平 U_{oL}，一般规定为低电平的上限，在一般双极型电路中，低电平的上限定为 0.3V，凡是 U_{oL} 低于 0.3V，就认为合格。

输出高、低电平之差，称为逻辑幅度 U_P。在图 4.17 中，其逻辑幅度为

$$U_P = U_{oH} - U_{oL} = 3.2 - 0.3 = 2.9\text{V} \tag{4.8}$$

2. 开门电平 U_{ON}

逻辑门的输出电平为 U_{oL} 时，所对应的最小输入高电平称为开门电平 U_{ON}。当输入

电平 U_i 大于 U_{ON} 时,逻辑门处于开通状态(输出低电平)。

3. 关门电平 U_{OFF}

逻辑门的输出电平为 U_{oH} 时,所对应的最大输入低电平称为关门电平 U_{OFF}。当输入电平 U_i 小于 U_{OFF} 时,逻辑门处于关闭状态(输出高电平)。

4. 输入短路电流 I_{iL}

当某个输入端接地(其他输入端均接高电平或者悬空)时,从该端流出的电流就是输入短路电流 I_{iL},I_{iL} 的大小将直接影响前级门的工作,I_{iL} 越小,前级门就可以带更多的负载。

5. 输入反向漏电流 I_{iH}

当某个输入端接高电平(其他输入端接地)时,流入这个输入端的电流称为输入反向漏电流 I_{iH}。I_{iH} 越大,流过前级门的电流就越大,则前级门输出的高电平越低,所以 I_{iH} 越小越好。

对于前级门来说,I_{iH} 称为拉电流负载,I_{iL} 称为灌电流负载。

6. 扇出系数 N

扇出系数 N 表示 TTL 与非门输出端最多能接几个同类门,扇出系数 N 的大小表示逻辑门驱动负载能力的大小。一般 $N=8\sim12$。

7. 平均传输延迟时间 t_{pd}

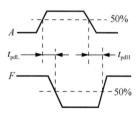

图 4.18　传输延迟时间

传输延迟时间是信号通过逻辑门所用的时间。当与非门输入端加一个脉冲电压时,输出电压对输入电压有一定时间的延迟,其波形如图 4.18 所示。

这时间的延迟是由于逻辑门内部晶体管改变状态需要时间(称为响应速度)所引起的。常以两个参数来说明。图 4.18 中的 t_{pdL} 是输出电压由高变低(此时输入电压由低变高)时,输出信号经过 50%处较之输入信号通过 50%处所延迟的时间;t_{pdH} 是输出由低变高的延迟时间。

这两个时间一般是不相等的。通常 $t_{pdH} > t_{pdL}$。平均传输延迟时间为

$$t_{pd} = \frac{1}{2}(t_{pdH} + t_{pdL}) \tag{4.9}$$

t_{pd} 越小,逻辑门工作速度越快,数字电路运行速度也就越高。

当脉冲的计时(定时)要求很高时,就必须考虑信号通过一些门的延迟作用,否则将严重影响电路的正常运行。通常一个门的延迟时间为 5~30ns。

表 4.3 列出了 TTL 与非门的主要参数。

表 4.3　TTL 与非门的主要参数

参数	符号	单位	测试条件	规格
输出高电平	U_{oH}	V	任一输入端接地或 $U_i \leqslant 0.8V$，其余悬空，输出空载	≤3.2
输出低电平	U_{oL}	V	待测输入端 $U_i=1.8V$，其余悬空，灌电流 $I_i=1.2mA$（$R_L=3.8\Omega$）	≤0.35
开门电平	U_{ON}	V	$U_i=1.8V$，$U_{oL} \leqslant 0.35V$，$R_L=3.8\Omega$	≤1.8
关门电平	U_{OFF}	V	$U_i \leqslant 0.8V$，其余悬空，$U_{oH} \geqslant 2.7V$，输出空载	≥0.8
输入短路电流	I_{iL}	mA	待测输入端接地，其余悬空，输出空载	≤2.2
输入反向漏电流	I_{iH}	μA	待测输入端接+5V，其余接地，输出空载	≤70
扇出系数	N		待测 $U_i=1.8V$，其余悬空，$U_{oL} \leqslant 0.35V$	≥8
空载导通功耗	P_{ON}	mW	输入悬空，输出空载	≤50
平均传输延迟时间	t_{pd}	ns	信号频率 $f=2MHz$，$N=8$	≤30

4.3.2　三态输出与非门

　　三态输出与非门（又称三态电路、三态门）与一般的与非门不同，它的输出端除了可以出现高电平、低电平以外，还可以出现第三种状态——高阻状态（或称禁止状态），三态输出与非门处于高阻状态时，其输出与外电路隔离。图 4.19 是三态输出与非门电路，图 4.20 是其逻辑符号和真值表。图中，A 和 B 为输入端，C 为控制端，F 为输出端。当控制端 $C=1$ 时，三态门的输出状态决定于输入端 A、B 的状态，实现与非逻辑关系，即全"1"出"0"，有"0"出"1"。此时电路处于工作状态。

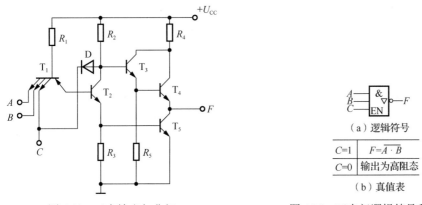

图 4.19　三态输出与非门　　　　　　　图 4.20　三态门逻辑符号和真值表

　　当 $C=0$（约为 0.3V）时，T_1 的基极电位约为 1V，致使 T_2 和 T_5 截止。同时，二极管 D 将 T_2 的集电极电位钳位在 1V，而使 T_4 也截止。因为这时与输出端相连的两个晶体管 T_4 和 T_5 都截止（不管输入端 A、B 的状态如何），所以输出端开路而处于高阻状态。

　　由于电路结构不同，也有当控制端为高电平时出现高阻状态，而在低电平时电路处于工作状态。

　　三态电路是一种重要的接口电路，在计算机和各种数字系统中应用很多。三态电路最重要的一个用途是可以实现用一根导线轮流传送几个不同的数据或控制信号，如图 4.21 所示，这根导线称为母线或总线。只要让各门的控制端轮流处于高电平，即任何时间只能有一个三态门处于工作状态，而其余三态门均处于高阻状态，这样，总线就会轮流接受各三态门的输出。这种用总线来传送数据或信号的方法，在计算机中被广泛采用。

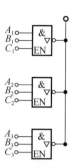

图 4.21　三态门输出与非门的应用

4.3.3　集电极开路的与非门

对于前面讨论过的 TTL 与非门，一般情况下，是不能把两个门的输出端直接相连。而集电极开路的与非门和三态门则允许输出端连接在一起。

集电极开路的与非门（open-collector gate），简称 OC 门，它是把 TTL 与非门电路的推拉式输出级改为三极管集电极开路输出，电路结构与逻辑符号如图 4.22 所示。需要指出的是：OC 门只有在外接负载电阻 R_L 和电源 U'_{CC} 后才能正常工作。

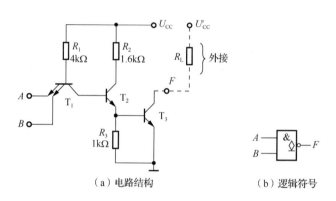

（a）电路结构　　　　　　　　　（b）逻辑符号

图 4.22　集电极开路与非门

集电极开路的与非门应用如下：

（1）实现电平转移。如图 4.22 所示，当 OC 门的输入端 A、B 全为高电平时，三极管 T_3 饱和，输出端 F 为低电平；当输入端 A 或 B 有一个为低电平时，输出变成高电平。这样就实现了逻辑电平的转移。

（2）驱动显示器件和执行机构。由于 OC 门的负载电阻 R_L 和电源 U'_{CC} 可以根据工作需要来选择，只要 R_L 和 U'_{CC} 的值选择得合适，就可以用 OC 门直接驱动发光二极管。OC 门还可以直接驱动高于 5V 的小电流负载，所以也常用 OC 驱动器去驱动一些较大电流的执行机构。

（3）实现线与。所谓"线与"就是把若干个与非门的输出端直接连接在一起来实现多个信号间的与逻辑关系。如图 4.23 所示，当各个门单独工作时，$F_{o1} = \overline{A_1 B_1 C_1}$，$F_{o2} = \overline{A_2 B_2 C_2}$，$F_{o3} = \overline{A_3 B_3 C_3}$；现在三个门的输出端连在了一起，只要其中任何一个门的

T_3 管饱和导通都能使 F 成为低电平，只有当三个门的 T_3 管都截止，输出才是高电平，这样就在输出端 F_{o1}、F_{o2} 和 F_{o3} 之间实现了与逻辑关系。

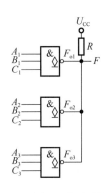

需要特别指出的是，一般的 TTL 与非门是不允许把输出端直接连接在一起的，因为性能良好的 TTL 与非门的输出电阻很小，不论在与非门导通还是截止状态，其输出电阻都只有几欧姆或几十欧姆，如果将它们的输出端相连，则当一个门输出高电平而另一个门输出低电平时，从 U_{CC} 到地则会形成一条低阻通路，将有一个很大的电流，这个电流不仅会使导通门的输出低电平抬高，甚至会因功耗过大而把两个门都损坏。

图 4.23　用 OC 门实现线与

4.3.4　CMOS 逻辑门电路

MOS 场效应管集成电路也称单极型集成电路，出现比双极型晶体管晚，但由于它具有制造工艺简单、集成度高、功耗低、体积小、输入阻抗大、抗干扰能力强、工作可靠等优点，所以发展很快，更便于向大规模集成电路发展，现在已广泛地应用于数字系统中。

CMOS 是兼有 N 型和 P 型两种沟道的 MOS 电路，称为互补的金属氧化物半导体，是一种目前广泛应用的 MOS 集成电路。

1. CMOS 非门电路

图 4.24 是 CMOS 非门电路（常称为 CMOS 反相器），驱动管 T_1 采用 N 沟道增强型，负载管 T_2 采用 P 沟道增强型，它们一同制作在一块硅片上。两管的栅极相连，由此引出输入端 A；漏极也相连，由此引出输出端 F。两者连成互补对称的结构。衬底都与各自的源极相连。

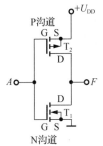

图 4.24　CMOS 非门电路

当输入端 A 为 1（约为 U_{DD}）时，驱动管 T_1 的栅-源电压大于开启电压，它处于导通状态；而负载管 T_2 的栅-源电压小于开启电压的绝对值，处于截止状态。这时，T_2 的电阻比 T_1 高得多，电源电压主要降在 T_2 上，故输出端 F 为 0（约为 0V）。

当输入端 A 为 0（约为 0V）时，T_1 截止，而 T_2 导通。这时，电源电压主要降在 T_1 上，故输出端 F 为 1（约为 U_{DD}）。

CMOS 非门电路功耗是极其微小的，每门静态功耗只有 0.01mW（TTL 每门功耗约 10mW）。由于输出低电平约为 0V，输出高电平约为 U_{DD}，因此，输出幅度加强了，并且还可以取用较低的电源电压（5~15V），这有利于和 TTL 或其他电路连接。因此，CMOS 电路在微型计算机、自动化仪器仪表以及人造卫星的电子设备等方面得到了应用。

2. CMOS 与非门电路

图 4.25 是 CMOS 与非门电路。驱动管 T_1 和 T_2 为 N 沟道增强型管，两者串联；负载管 T_3 和 T_4 为 P 沟道增强型管，两者并联。负载管整体与驱动管相串联。

当 A、B 两个输入端全为"1"时，驱动管 T_1 和 T_2 都导通，电阻很低；而负载管 T_3

和 T_4 不能开启，都处于截止状态，电阻很高（并联后的电阻仍很高）。这时，电源电压主要降在负载管上，故输出端 F 为 0。

当输入端有一个或全为 "0" 时，则串联的驱动管截止，而相应的负载管导通，因此负载管的总电阻很低，驱动管的总电阻却很高。这时，电源电压主要降在串联的驱动管上，故输出端 F 为 1。

CMOS 与非门电路在结构上也是互补对称的，因此它具有和 CMOS "非"门电路相同的优缺点。

3. CMOS 或非门电路

图 4.26 是 CMOS 或非门电路。驱动管 T_1 和 T_2 为 N 沟道增强型，两者并联；负载管 T_3 和 T_4 为 P 沟道增强型，两者串联。

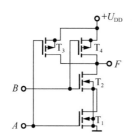
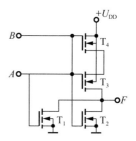

图 4.25　CMOS 与非门电路　　　　图 4.26　CMOS 或非门电路

当 A、B 两个输入端全为 1 或其中一个为 1 时，输出端 F 为 0。只有当输入端全为 0 时，输出端才为 1。

由上述可知，与非门的输入端愈多，串联的驱动管也愈多，导通时的总电阻就愈大，输出低电平值将会因输入端的增多而提高，所以输入端不能太多。而或非门电路的驱动管是并联的，不存在这个问题。所以在 MOS 电路中，或非门用得较多。

4.3.5　TTL 与 CMOS 电路的连接

在一个数字系统中，经常会遇到采用不同类型数字集成电路的情况，最常见的是同时采用 TTL 和 CMOS 电路。这就出现了 TTL 和 CMOS 的连接问题。

1. 由 TTL 驱动 CMOS

如果 CMOS 电路的电源为 +5V，那么 TTL 与 CMOS 之间的电平配合就比较容易。因为 TTL 的标准高电平是 3.6V，有时可能更高，此时，在 TTL 的输出端接一上拉电阻至电源 U_{DD}（+5V），以便抬高输出高电平。这样，CMOS 电路就相当于一个同类的 TTL 负载。

如果 CMOS 电路的电源较高，TTL 的输出端仍可接一上拉电阻，但这时需要使用 TTL 的 OC 门，如图 4.27 所示。应注意上拉电阻的大小对工作速度有一定影响，这是由于门电路的输入和输出端均存在杂散电容的缘故。

另一种方法是采用一个专用的 CMOS 电平移动器，如图 4.28 所示，它由两种直流电源 U_{CC} 和 U_{DD} 供电，电平移动器接收 TTL 电平（对应于 U_{CC}），而输出 CMOS 电平（对应于 U_{DD}）。

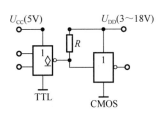

图 4.27　TTL 与 CMOS 之间的连接

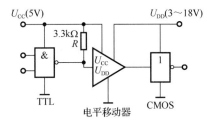

图 4.28　TTL 与 CMOS 之间采用专用电平移动器连接

2. 由 CMOS 驱动 TTL

如果 CMOS 电路由 +5V 电源供电，它就能直接驱动一个 74 系列门负载。CMOS 缓冲器能直接驱动两个 74 系列门负载。有时，由于 $I_{oL(max)} < I_{iL}$ 而不能直接驱动，解决这一问题，可以用如下两种方法：

（1）将同一封装内的 CMOS 电路并接使用（因为同一封装内输出特性容易一致），以增大输出低电平时的灌电流能力 $I_{oL(max)}$。

（2）选用或增加一级 CMOS 驱动器，以增大 $I_{oL(max)}$。

当 CMOS 电路采用电源 $U_{DD}=3\sim18V$ 时，可以采用 CMOS 缓冲驱动器作接口电路，也就是在 CMOS 的输出端加反相器作缓冲极，如图 4.29 所示。该缓冲极可选用 CC4049（六反相缓冲器）和 CC4050（六同相缓冲器），它们的输入电平可为 $5\sim15V$，一般不受 TTL 门输入电压小于 5.5V 的限制。

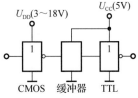

图 4.29　加缓冲器的电路

4.4　逻辑函数及其化简

逻辑函数及其化简

4.4.1　逻辑代数运算规则

布尔代数是分析和设计数字电路的数学工具，是现代逻辑设计的基础。

逻辑代数的基本运算规则如下。

1. 基本律

与	或	非
$A \cdot 0 = 0$	$A + 0 = A$	$A + \overline{A} = 1$
$A \cdot 1 = A$	$A + 1 = 1$	$A \cdot \overline{A} = 0$
$A \cdot A = A$	$A + A = A$	$\overline{\overline{A}} = A$

2. 交换律

$$A + B = B + A, \quad A \cdot B = B \cdot A$$

3. 结合律

$$A + B + C = (A + B) + C = A + (B + C)$$
$$ABC = (A \cdot B) \cdot C = A \cdot (B \cdot C)$$

4. 分配律

$$A \cdot (B + C) = A \cdot B + A \cdot C$$

5. 吸收律

（1）原变量吸收律：

$$A + A \cdot B = A$$

证明：$A + A \cdot B = A \cdot (1 + B) = A$

（2）反变量吸收律：

$$A + \overline{A} \cdot B = A + B$$

证明：

$$A + \overline{A} \cdot B = A \cdot (1 + B) + \overline{A} \cdot B + A\overline{A}$$
$$= A + A \cdot B + \overline{A} \cdot B + A\overline{A}$$
$$= (A + \overline{A}) \cdot (A + B)$$
$$= A + B$$

（3）混合变量吸收律：

$$AB + A\overline{B} = A$$
$$AB + \overline{A}C + BC = AB + \overline{A}C$$

第二个表达式证明如下：

$$AB + \overline{A}C + BC = AB + \overline{A}C + (A + \overline{A})\ BC$$
$$= AB + \overline{A}C + ABC + \overline{A}BC$$
$$= AB(1 + C) + \overline{A}C(1 + B)$$
$$= AB + \overline{A}C$$

6. 德·摩根定理（反演律）

$$\overline{A \cdot B} = \overline{A} + \overline{B}, \quad \overline{A + B} = \overline{A} \cdot \overline{B}$$

德·摩根定理的证明方法是将变量的各种可能取值组合代入等式两边，运算后的结果如表 4.4 所示，如果等号两边的值相等，则等式成立，否则等式不成立。

表 4.4　真值表

A	B	$\overline{A}$	$\overline{B}$	$\overline{A \cdot B}$	$\overline{A} + \overline{B}$	$\overline{A + B}$	$\overline{A} \cdot \overline{B}$
0	0	1	1	1	1	1	1
0	1	1	0	1	1	0	0
1	0	0	1	1	1	0	0
1	1	0	0	0	0	0	0

从表 4.4 真值表中可见

$$\overline{A \cdot B} = \overline{A} + \overline{B}$$

$$\overline{A + B} = \overline{A} \cdot \overline{B}$$

注意

$$\overline{A \cdot B} \neq \overline{A} \cdot \overline{B}$$

$$\overline{A + B} \neq \overline{A} + \overline{B}$$

具有两个以上变量的德•摩根定理为

$$\overline{A \cdot B \cdot C \cdots} = \overline{A} + \overline{B} + \overline{C} + \cdots$$

$$\overline{A + B + C + \cdots} = \overline{A} \cdot \overline{B} \cdot \overline{C} \cdots$$

4.4.2　逻辑函数的表示方法

逻辑函数常用的表示方法有逻辑函数式、真值表、逻辑图等。

逻辑函数式是逻辑变量的运算代数式，是将输入/输出之间的逻辑关系写成与、或、非等运算的组合式。例如，$F = A \cdot B + C$。逻辑函数式也称为逻辑表达式。

真值表是将函数变量中所有的可能组合列出，再将输入和输出的计算结果列出而得到的，也称为逻辑状态表。由于每个输入变量仅有 0 和 1 两种取值可能，因此如果有 n 个输入变量时，就会有 2^n 种取值组合。

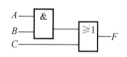

逻辑图是将逻辑函数中各个变量的运算关系，用相应的逻辑门符号表示，也称为逻辑电路图。例如，逻辑函数式 $F = A \cdot B + C$ 的逻辑图如图 4.30 所示。

图 4.30　逻辑图

同一个逻辑函数可以用不同的方法表示，根据需要也可以把一种表示方式转换为另一种方式。常用的转换有：从逻辑图到逻辑函数式、从逻辑函数式到逻辑图、从逻辑函数式到真值表、从真值表到逻辑函数式等。

例 4.1　已知逻辑函数式 $F = AB + BC + AC$，列出其真值表，并画出逻辑电路图。

解： 把逻辑函数式中的各个运算关系，用相应的逻辑门符号表示出来即可。如图 4.31 所示。

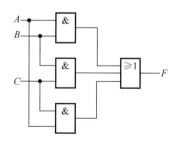

图 4.31　例 4.1 逻辑图

把三个输入变量的 8 种组合，按输入变量取值 000 到 111 依次递增的序列排列，并代入逻辑函数式计算出输出结果，得到各个相应的输出函数值，列成真值表，如表 4.5 所示。

表 4.5　例 4.1 真值表

A	B	C	F
0	0	0	0
0	0	1	0
0	1	0	0
0	1	1	1
1	0	0	0
1	0	1	1
1	1	0	1
1	1	1	1

由例 4.1 看出，从逻辑图到逻辑函数式、从逻辑函数式到逻辑图、从逻辑函数式到真值表的转换比较容易，下面主要讨论从真值表到逻辑函数式的转换方法。

真值表中的每一行表示输入变量的一种取值组合，在给出的真值表中，找出所有使函数值为 1 的输入变量取值组合。当输入变量为 1 时，以原变量表示（如 A）；当输入变量为 0 时，以反变量表示（如 $\bar{A}$）。这样，每一组函数值为 1 的输入变量组合是与逻辑关系，各种组合之间是或逻辑关系，由此可得到逻辑函数式。

由表 4.5 写出逻辑函数式。真值表中函数值为 1 的组合有 4 项，分别为 $\bar{A}BC$、$A\bar{B}C$、$AB\bar{C}$、ABC，将它们取或逻辑得到逻辑函数式为

$$F = \bar{A}BC + A\bar{B}C + AB\bar{C} + ABC$$

经化简得

$$F = AB + BC + AC$$

4.4.3　逻辑函数的化简

对逻辑函数进行化简，从而求得最简逻辑函数式，可以实现逻辑函数的逻辑电路简化，既有利于节省元器件，也有利于提高电路的可靠性。本节将介绍几种最常用的化简方法。

1. 用逻辑公式化简

同一个逻辑函数，可以用不同类型的表达式表示，函数表达式主要有以下五种类型：

$$F_1 = A\bar{B} + B\bar{C} \qquad\qquad 与或表达式$$

$$F_2 = (A + \bar{B})(B + \bar{C}) \qquad\qquad 或与表达式$$

$$F_3 = \overline{\overline{A\bar{B}} \cdot \overline{B\bar{C}}} \qquad\qquad 与非-与非表达式$$

$$F_4 = \overline{\overline{(A + \bar{B})} + \overline{(B + \bar{C})}} \qquad\qquad 或非-或非表达式$$

$$F_5 = \overline{\overline{AB} + \overline{BC}} \qquad\qquad 与或非表达式$$

在这五种类型的表达式中，与或表达式最常用，而且由它也很容易推导出其他几种类型表达式。最简与或表达式的标准是：含的与项最少且各与项中含的变量数最少。另外，一个逻辑函数的最简与或表达式可能不是唯一的。

利用逻辑代数的基本公式化简时，常用以下几种方法：

（1）并项法。利用基本律 $A + \overline{A} = 1$，将两项合并为一项，合并时消去一个变量。如：

$$AB\overline{C} + \overline{A}B\overline{C} = (A + \overline{A})B\overline{C} = B\overline{C}$$

（2）吸收法。利用吸收律 $A + AB = A$ 等公式，吸收掉多余的项，如：

$$\overline{A} + \overline{A \cdot \overline{BC}} \cdot \overline{(B + AC + \overline{D})} + BC = (\overline{A} + BC) + (\overline{A} + BC)\overline{(B + AC + \overline{D})}$$
$$= \overline{A} + BC$$

（3）消去法。利用吸收律 $A + \overline{A}B = A + B$ 消去某些项中的变量，如：

$$AB + \overline{A}BC + \overline{B} = (A + \overline{A}C)B + \overline{B} = A + \overline{B} + C$$

（4）配项法。利用基本律 $A + \overline{A} = 1, A + A = A, A \cdot A = A$，$1 + A = 1$ 等公式给某些逻辑函数配上适当的项，以便消去原来函数中的项和变量，如：

$$\overline{A}B + A\overline{B} + AB = \overline{A}B + AB + A\overline{B} + AB = (\overline{A} + A)B + (\overline{B} + B)A = B + A$$

例 4.2　用逻辑代数化简逻辑式：$F = AB + \overline{A}C + \overline{B}C$。

解：

$$F = AB + \overline{A}C + \overline{B}C = AB + (\overline{A} + \overline{B})C = AB + \overline{AB} \cdot C = AB + C$$

例 4.3　用逻辑代数化简如图 4.32 所示的逻辑电路。

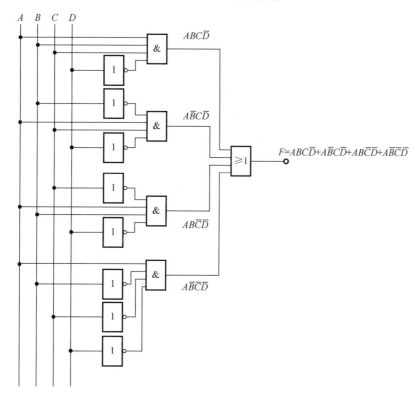

图 4.32　逻辑电路

解：

$$F = ABC\overline{D} + A\overline{B}C\overline{D} + AB\overline{C}\overline{D} + A\overline{B}\overline{C}\overline{D} = \overline{D}(ABC + A\overline{B}C + AB\overline{C} + A\overline{B}\overline{C})$$
$$= \overline{D}[AB(C + \overline{C}) + A\overline{B}(C + \overline{C})] = \overline{D}(AB + A\overline{B}) = A\overline{D}$$

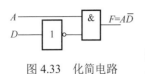

图 4.33　化简电路

化简后的逻辑电路如图 4.33 所示。

　　实际应用中，在化简一个较复杂的逻辑函数时，总是根据函数的不同构成综合应用上述几种方法。另外，还经常需要利用基本公式对逻辑函数作形式上的变换，以便选用合适的器件来实现。例如，将与或表达式变换成与非-与非表达式，以便用与非门来实现。

　　2. 用卡诺图化简

　　在一个有 n 个输入变量的逻辑函数中，由这 n 个变量因子可以组成若干乘积项，如果这些乘积项满足：①每个乘积项中有且仅有 n 个因子；②每个变量均以原变量或反变量的形式在乘积项中只出现一次。则这样的乘积项就称为最小项。

　　n 个输入变量共有 2^n 个最小项。例如，3 个输入变量 A、B、C 共有 8 个最小项：$\overline{A}\,\overline{B}\,\overline{C}$、$\overline{A}\,\overline{B}C$、$\overline{A}B\overline{C}$、$\overline{A}BC$、$A\overline{B}\,\overline{C}$、$A\overline{B}C$、$AB\overline{C}$、$ABC$。最小项通常记作 m_i，其中，i 为该最小项为 1 时变量的二进制数取值所对应的十进制数，例如，$AB\overline{C}$ 记为 m_6。表 4.6 列出了 3 个输入变量最小项及其编号。

表 4.6　三变量最小项及编号

最小项	A	B	C	对应十进制数	最小项编号
$\overline{A}\,\overline{B}\,\overline{C}$	0	0	0	0	m_0
$\overline{A}\,\overline{B}C$	0	0	1	1	m_1
$\overline{A}B\overline{C}$	0	1	0	2	m_2
$\overline{A}BC$	0	1	1	3	m_3
$A\overline{B}\,\overline{C}$	1	0	0	4	m_4
$A\overline{B}C$	1	0	1	5	m_5
$AB\overline{C}$	1	1	0	6	m_6
ABC	1	1	1	7	m_7

　　将输入变量的全部最小项各用方格表示，并按照最小项逻辑相邻的规则排列起来，得到的图形称为卡诺图。所谓的逻辑相邻就是两个在几何上相邻的小方格中的最小项只有一个变量不同（互为反变量）。

　　卡诺图的绘制方法如下：

　　（1）设逻辑函数的输入变量为 n，则卡诺图将划分为 2^n 个小方格，每个小方格表示一个最小项。

　　（2）图中，行变量组为高位，列变量组为低位，行、列变量的取值按循环码的规则排列。

　　（3）在每个小方格中填入相应的最小项编号。

　　图 4.34 是二变量、三变量、四变量、五变量最小项卡诺图。

B / A	0	1
0	m_0	m_1
1	m_2	m_3

（a）二变量最小项卡诺图

BC / A	00	01	11	10
0	m_0	m_1	m_3	m_2
1	m_4	m_5	m_7	m_6

（b）三变量最小项卡诺图

CD / AB	00	01	11	10
00	m_0	m_1	m_3	m_2
01	m_4	m_5	m_7	m_6
11	m_{12}	m_{13}	m_{15}	m_{14}
10	m_8	m_9	m_{11}	m_{10}

（c）四变量最小项卡诺图

CDE / AB	000	001	011	010	110	111	101	100
00	m_0	m_1	m_3	m_2	m_6	m_7	m_5	m_4
01	m_8	m_9	m_{11}	m_{10}	m_{14}	m_{15}	m_{13}	m_{12}
11	m_{24}	m_{25}	m_{27}	m_{26}	m_{30}	m_{31}	m_{29}	m_{28}
10	m_{16}	m_{17}	m_{19}	m_{18}	m_{22}	m_{23}	m_{21}	m_{20}

（d）五变量最小项卡诺图

图 4.34　最小项卡诺图

任何一个逻辑函数可以唯一地表示为若干最小项之和的形式，该形式称为逻辑函数的标准与或式。用卡诺图表示逻辑函数，就是将卡诺图中最小项函数值为 1 的相应位置填入 1，而其余位置填入 0（或空白），这样就可以得到逻辑函数的卡诺图。

例 4.4　已知逻辑函数 F 的真值表如图 4.35（a）所示，画出 F 的卡诺图。

解：先画出与给定函数变量相同的卡诺图（本题为三输入变量），如图 4.35（b）所示。再根据真值表填写每一个方格中的值，即在相应的变量取值组合函数值为 1 的小方格中填入 1，其余的小方格填入 0，如图 4.35（b）所示。

A	B	C	F
0	0	0	0
0	0	1	1
0	1	0	1
0	1	1	1
1	0	0	0
1	0	1	0
1	1	0	0
1	1	0	1

（a）真值表

BC / A	00	01	11	10
0	0	1	1	1
1	0	0	1	0

（b）卡诺图

图 4.35　例 4.4 图

例 4.5　用卡诺图表示逻辑函数 $F = AB + BC + \overline{A}C$ 。

解：方法一　先将原式化为最小项之和的形式

$$F = AB + BC + \overline{A}C$$
$$= AB(C + \overline{C}) + BC(A + \overline{A}) + \overline{A}C(B + \overline{B})$$
$$= ABC + AB\overline{C} + ABC + \overline{A}BC + \overline{A}BC + \overline{A}\,\overline{B}C$$
$$= ABC + AB\overline{C} + \overline{A}BC + \overline{A}\,\overline{B}C$$

画出三变量的卡诺图，在最小项 ABC、$AB\overline{C}$、$\overline{A}BC$、$\overline{A}\,\overline{B}C$ 的位置上填入 1，其余位

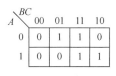

图 4.36 例 4.5 图

置填入 0, 即得到所求的卡诺图, 如图 4.36 所示。

方法二 省略原函数化为最小项之和这一步骤, 直接根据原函数画出卡诺图。即画出三变量卡诺图后, 函数 $F = AB + BC + \overline{A}C$ 中, 对于 AB 项, 将 A、B 同为 1 的小方格均填入 1; 对于 BC 项, 将 B、C 同为 1 的小方格均填入 1; 对于 $\overline{A}C$ 项, A 为 0 且 C 为 1 的小方格均填入 1, 其余的小方格填入 0, 如图 4.36 所示。

需要指出的是: ①在填写 1 时, 有些小方格出现重复, 根据 1+1=1 的运算规则, 只保留一个 1 即可; ②在卡诺图中, 只要填入函数值为 1 的小方格, 函数值为 0 的可以不填。

由于卡诺图相邻位置上的最小项具有逻辑相邻性, 所以应用卡诺图可以方便地化简逻辑函数, 用卡诺图化简逻辑函数就是直接对最小项进行合并。用卡诺图化简逻辑函数的步骤如下:

(1) 画出逻辑函数的卡诺图。

(2) 将取值为 1 的相邻小方格圈起来 (最上一行与最下一行、最左一列与最右一列也是相邻的), 所圈小方格的格式应为 $2^n (n=0,1,2,3,\cdots)$, 所圈的小方格应尽可能多。每圈 1 个新圈时, 必须至少包含 1 个没有被圈过的最小项, 每个最小项可以被圈多次, 但不能被遗漏。

(3) 将每个圈中最小项合并为 1 项, 合并后的结果中只保留公共因子。相邻两项合并为 1 项时可以消去 1 对因子; 相邻 4 项合并为 1 项时可以消去 2 对因子; 相邻 8 项合并为 1 项时可以消去 3 对因子; 依此类推, 相邻 2^n 项合并为 1 项时可以消去 n 对因子。

(4) 将合并后的所有项相加, 即得到最简与或表达式。

例 4.6 用卡诺图化简逻辑函数 $F = AB + \overline{B}\overline{D} + BCD + \overline{A}\overline{B}C$ 。

解: 画出函数的卡诺图, 并圈出相邻项, 如图 4.37 所示, 可得化简结果为

$$F = AB + \overline{B}\overline{D} + \overline{A}CD$$

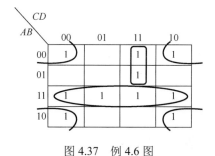

图 4.37 例 4.6 图

4.5 组合逻辑电路

组合逻辑电路及其应用

在数字电路中, 当电路的输出状态仅仅取决于电路各输入端的当前值, 而与电路以前的输出值无关, 这样的逻辑电路称为组合逻辑电路。门电路是组合逻辑电路的基本单元。

4.5.1　组合逻辑电路的分析

组合逻辑电路的分析就是对已知的逻辑电路通过分析确定其逻辑功能。

分析组合逻辑电路的一般步骤如下：

（1）根据逻辑图写出逻辑函数式。

（2）运用逻辑代数将逻辑函数式变换或化简。

（3）列出真值表。

（4）分析逻辑功能。

例 4.7　分析如图 4.38（a）所示的逻辑功能。

解：根据如图 4.38（a）所示逻辑图写出逻辑函数式，并用逻辑代数法则化简为

$$F = \overline{\overline{A \cdot B} \cdot \overline{\overline{A} \cdot \overline{B}}} = \overline{\overline{A \cdot B}} + \overline{\overline{\overline{A} \cdot \overline{B}}} = A \cdot B + \overline{A} \cdot \overline{B}$$

由此式列出真值表，如图 4.38（b）所示。

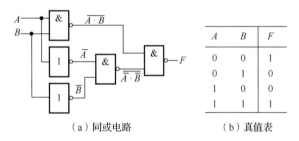

A	B	F
0	0	1
0	1	0
1	0	0
1	1	1

（a）同或电路　　　　　　　（b）真值表

图 4.38　例 4.7 图

由上可见，它的逻辑功能是：只有输入同为 1 或同为 0 时，输出才为 1，即仅在两个输入一致时，才有输出。因此这种电路为同或门电路，又称附和电路。

4.5.2　组合逻辑电路的设计

组合逻辑电路的设计是已知逻辑要求，设计能实现该功能的逻辑电路。

设计组合逻辑电路的一般步骤如下：

（1）根据逻辑要求列出真值表。

（2）根据真值表写出逻辑函数式。

（3）根据所要求使用的逻辑门的类型及其他实际问题，运用逻辑代数将逻辑函数式变换。

（4）画出逻辑电路图。

例 4.8　设计异或门电路。它有两个输入端，仅当两个输入相异时，输出才为1。试求这一电路的真值表、逻辑函数式和逻辑图。

解：由逻辑要求列真值表。

两个输入 A、B 中任一个为 0，另一个为 1 时，输出才为1，由此列出真值表，如表 4.7 所示。

表 4.7 异或门真值表

A	B	F
0	0	0
0	1	1
1	0	1
1	1	0

由真值表写逻辑函数式。

根据真值表中输出为 1 的各行用或逻辑可写出逻辑函数式为

$$F = \overline{A}B + A\overline{B}$$

可以根据逻辑函数式直接画出逻辑图，如图 4.39 所示。

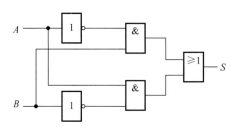

图 4.39 异或门逻辑图

应用逻辑代数可将逻辑函数式变换成全用与非逻辑组成的逻辑函数式为

$$F = \overline{A} \cdot B + A\overline{B} = \overline{A} \cdot B + A \cdot \overline{B} + A \cdot \overline{A} + B \cdot \overline{B}$$
$$= (\overline{A} + \overline{B}) \cdot B + (\overline{A} + \overline{B}) \cdot A$$
$$= \overline{(A \cdot B)} \cdot B + \overline{(A \cdot B)} \cdot A$$
$$= \overline{\overline{(A \cdot B)} \cdot B} + \overline{\overline{(A \cdot B)} \cdot A}$$
$$= \overline{\overline{(A \cdot B)} \cdot B + \overline{(A \cdot B)} \cdot A}$$

这样就可以全部使用与非门来组成异或门的逻辑图，如图 4.40 所示。

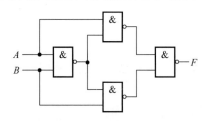

图 4.40 由与非门组成的异或门

用与非门来实现异或功能，至少需要四个门。如果不限于用与非门，实现某一逻辑功能的电路就更多。所以上述的解不是唯一的。

例 4.9 设计一个三人表决器，即当三个人进行表决时，同意为 1，不同意为 0，其表决结果若有两人以上赞同时，可认为通过。

这是一个判决电路，试求这一电路的逻辑表达式，并且组成电路。

解：设三个人为 A、B、C，表决结果为 F。

由逻辑要求列出表 4.8。

表 4.8 真值表

A	B	C	F
0	0	0	0
0	0	1	0
0	1	0	0
0	1	1	1
1	0	0	0
1	0	1	1
1	1	0	1
1	1	1	1

从真值表可以看出，三个输入 A、B、C 中两个以上为 1 的情况，只有 $\overline{A}BC$、$A\overline{B}C$、$AB\overline{C}$ 和 ABC 四种，由此可以写出逻辑表达式为

$$F = \overline{A}BC + A\overline{B}C + AB\overline{C} + ABC$$

运用逻辑代数规则将表达式化简：

$$F = \overline{A}BC + A\overline{B}C + AB\overline{C} + ABC$$
$$= \overline{A}BC + A\overline{B}C + AB\overline{C} + ABC + ABC + ABC$$
$$= (\overline{A} + A)BC + (\overline{B} + B)AC + (\overline{C} + C)AB$$
$$= BC + AC + AB$$

画出逻辑图，如图 4.41 所示。

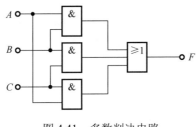

图 4.41 多数判决电路

4.6 组合逻辑电路应用

常用的组合逻辑电路，如加法器、编码器、译码器等，目前都有标准化的集成电路产品，这些器件功能强、功耗低、体积小，使用方便。本节对它们的原理加以介绍。

4.6.1 加法器

在数字系统及数字计算机中，二进制加法器是最基本的运算单元。二进制数中，每一位仅有 0 和 1 两个可能的数码，计数的基数 $N=2$，即 "逢二进一"。例如，1+1=10，其中，0 是 2^0 位数，1 是 2^1 位数。

二进制数加法运算法则是

$$0+0=0$$
$$0+1=1$$
$$1+0=1$$
$$1+1=10$$

进位

加法器分为半加器和全加器两种。当只有对本位上的两个二进制加数相加，不考虑由低位来的进位时，即为半加器。

两个一位二进制数 A、B 共有四种可能的组合，每一种组合对应相加，可以得到相应的和 S 及进位 C。真值表如表 4.9 所示，其中，A 为加数，B 为被加数，S 是和，C 是向高位的进位。

表 4.9　半加器真值表

A	B	C	S
0	0	0	0
0	1	0	1
1	0	0	1
1	1	1	0

由真值表写出逻辑函数式为

$$S = A\overline{B} + \overline{A}B = A \oplus B \qquad (4.10)$$
$$C = AB \qquad (4.11)$$

由表 4.9 可知，和数 S 与 A、B 之间有异或关系，进位 C 与 A、B 之间存在与的关系。图 4.42（a）、图 4.42（b）分别是半加器逻辑电路图及其逻辑符号。

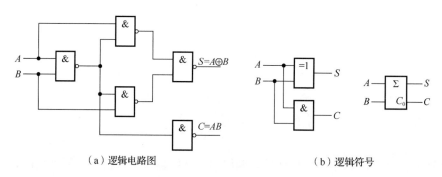

（a）逻辑电路图　　　　　　　　　（b）逻辑符号

图 4.42　半加器

半加器是全加器的一个特例。在实际的二进制加法运算时，仅利用不考虑低位进位的半加器是不能解决问题的，这就要求两个数作加法运算时，两个同位的加数和来自低位的进位三者相加，以得到本位的和 S 及向高位的进位 C_0。这种加法运算称为全加，能实现全加运算的电路称为全加器。

如果用 A、B 表示两个加数的第 n 位，C 表示低位（n−1 位）来的进位，根据全加运算的规则可列真值表，如表 4.10 所示。

表 4.10　全加器真值表

A	B	C	S	C_0
0	0	0	0	0
0	1	0	1	0
1	0	0	1	0
1	1	0	0	1
0	0	1	1	0
0	1	1	0	1
1	0	1	0	1
1	1	1	1	1

由真值表写出逻辑函数式如下：

$$S = \overline{A}B\overline{C} + A\overline{B}\,\overline{C} + \overline{A}\,\overline{B}C + ABC \tag{4.12}$$

$$C_0 = AB\overline{C} + \overline{A}BC + A\overline{B}C + ABC \tag{4.13}$$

将全加器的逻辑函数式进行变换，用半加器逻辑函数式表示如下：

$$\begin{aligned} S &= \overline{A}\,\overline{B}C + ABC + \overline{A}B\overline{C} + A\overline{B}\,\overline{C} = (\overline{A}\,\overline{B} + AB)C + (\overline{A}B + A\overline{B})\overline{C} \\ &= \overline{(A \oplus B)}\,C + (A \oplus B)\overline{C} = (A \oplus B) \oplus C \end{aligned} \tag{4.14}$$

$$\begin{aligned} C_0 &= AB\overline{C} + ABC + \overline{A}BC + A\overline{B}C = AB(\overline{C} + C) + (\overline{A}B + A\overline{B})C \\ &= AB + (\overline{A}B + A\overline{B})C = AB + (A \oplus B)C \end{aligned} \tag{4.15}$$

由上式可知，用两个半加器及一个或门就可组成全加器电路，如图 4.43（a）所示。逻辑符号如图 4.43（b）所示。

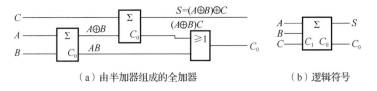

（a）由半加器组成的全加器　　（b）逻辑符号

图 4.43　全加器

例 4.10　用 74LS183 集成芯片构成四位二进制加法器。

解：图 4.44（a）是双全加器集成电路芯片 74LS183 的外部引线图，一片 74LS183 上有两个全加器，将其中某一全加器的输出连到另一个全加器的进位输入，就构成了二位串行进位的加法器。四位二进制加法器则要用两片 74LS183 串接构成。具体电路如图 4.44（b）所示。接线规则是：后级最高位进位输出作为前级最低位进位输入。

实际上，最低位 A_1 与 B_1 之间要进行的是半加运算，而不是全加运算。只要把该位的前级进位端 C_0 接 0，全加器就变成了半加器。

串行进位加法器电路简单，但工作速度较慢。因为高位的运算必须等低位的进位数确定之后才能求出正确结果。若希望提高运算速度可采用超前进位全加器，如 74LS283。

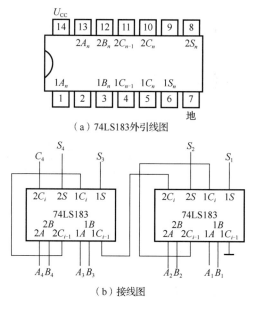

（a）74LS183外引线图

（b）接线图

图 4.44 例 4.10 图

4.6.2 编码器

编码器是用来将任一数字系统的信息或数据变换为二进制代码的装置。例如，把十进制数 0 编成二进制代码 0000；把十进制数 1 编成二进制代码 0001；把十进制数 2 编成二进制代码 0010 等。

下面举例来说明实现把 0~9 这十个十进制数码变换成二进制代码的编码电路，这种电路称为二-十进制编码器。

二-十进制编码器是将十进制的十个数码 0、1、2、3、4、5、6、7、8、9 编成二进制代码的电路，输入的是 0~9 十个数码，输出的是对应的二进制代码。这种二-十进制代码（binary-coded decimal）又简称 BCD 码。

因为输入有十个数码，要求有十种状态，而三位二进制代码只有八种状态（组合），所以输出需要四位二进制代码。四位二进制代码共有十六种状态，其中，任何十种状态都可表示 0~9 十个数码，方案很多。最常用的是 8421 编码方式，就是在四位二进制代码的十六种状态中取出前面十种状态，表示 0~9 十个数码，如表 4.11 所示。在这里去掉从"1010"到"1111"六个状态（称为无效状态）。当来第十个脉冲时，由"1001"恢复到"0000"。二进制代码各位的 1 所代表的十进制数从高位到低位依次为 8、4、2、1，称之为"权"，而后把每个数码乘以各位的"权"相加，即得出该二进制代码所表示的一位十进制数。例如"1001"，这个二进制代码就是表示

$$1 \times 8 + 0 \times 4 + 0 \times 2 + 1 \times 1 = 8 + 0 + 0 + 1 = 9$$

表 4.11　8421 码编码表

输入	输出			
十进制	D	C	B	A
0 （Y_0）	0	0	0	0
1 （Y_1）	0	0	0	1
2 （Y_2）	0	0	1	0
3 （Y_3）	0	0	1	1
4 （Y_4）	0	1	0	0
5 （Y_5）	0	1	0	1
6 （Y_6）	0	1	1	0
7 （Y_7）	0	1	1	1
8 （Y_8）	1	0	0	0
9 （Y_9）	1	0	0	1
去掉	1	0	1	0
	1	0	1	1
	1	1	0	0
	1	1	0	1
	1	1	1	0
	1	1	1	1

由编码表写出逻辑函数式为

$$D = Y_8 + Y_9 = \overline{\overline{Y_8} \cdot \overline{Y_9}} \tag{4.16}$$

$$C = Y_4 + Y_5 + Y_6 + Y_7 = \overline{\overline{Y_4} \cdot \overline{Y_5} \cdot \overline{Y_6} \cdot \overline{Y_7}} \tag{4.17}$$

$$B = Y_2 + Y_3 + Y_6 + Y_7 = \overline{\overline{Y_2} \cdot \overline{Y_3} \cdot \overline{Y_6} \cdot \overline{Y_7}} \tag{4.18}$$

$$A = Y_1 + Y_3 + Y_5 + Y_7 + Y_9 = \overline{\overline{Y_1} \cdot \overline{Y_3} \cdot \overline{Y_5} \cdot \overline{Y_7} \cdot \overline{Y_9}} \tag{4.19}$$

再由逻辑式画出逻辑图，如图 4.45 所示。

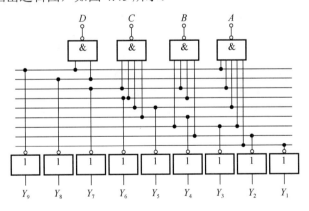

图 4.45　8421 码编码器

4.6.3　译码器和显示器

译码是编码的相反过程，它将每一个二进制代码"翻译"为一定的输出信号，以表示原意。这个输出信号可以是脉冲，也可以是电平。

　　例如，将两位二进制代码 00、01、10 和 11 "翻译"成对应的十进制数，其原理如下：二进制数代码 00、01、10 和 11 是四种组合状态，进行译码时，必须有四条输出线，分别用来表示四个十进制数 0、1、2、3，如图 4.46 所示。某输出线为高电平即代表该输出线表示的十进制数。例如，当 $BA=00$ 时，四条输出线当中只有 0 号线是高电平，表示输出十进制数 0。同理，当 $BA=11$ 时，则只有 3 号线为高电平，表示输出 3，其余类推。这就实现了将二进制代码 00、01、10、11 译成对应的十进制数 0、1、2、3 四个数字。

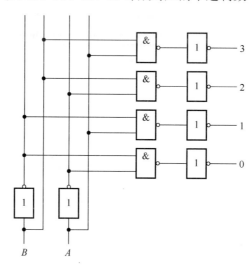

图 4.46　译码器

下面介绍两种集成电路译码器。

1. 三线-八线译码器 74LS138 芯片

　　它有三位输入端，八根输出线，其引脚及逻辑关系如图 4.47 所示。G_1、$\overline{G}_{2A}$、$\overline{G}_{2B}$ 为三个片选端，只有当 $G_1=1$、$\overline{G}_{2A}=0$、$\overline{G}_{2B}=0$ 时，芯片才能有效工作，否则输出全为高电平。A、B、C 为三位输入端，$\overline{Y}_0 \sim \overline{Y}_7$ 为八根输出线。由逻辑关系表可见，仅仅与输入代码对应的输出线为低电平（有效），其余的输出线为高电平。这种译码器就是用来将一组二进制代码译为一个特定的输出信号。

2. 七段显示译码器

　　在数字系统中，常常需要将测量和运算的结果以十进制数形式显示出来，为此，就要把二-十进制表示的结果送到译码器译码，并用译码器的输出去驱动显示器件。

　　常用的显示器件有半导体数码管、液晶数码管和荧光数码管等。下面介绍半导体数码管（或称 LED 数码管）。

　　半导体数码管结构如图 4.48 所示。七个发光段的发光元件可以是发光二极管。选择不同字段发光，可显示出不同的字形。例如，当 a、b、c、d、e、f、g 七段全亮时显示出 8，a、f、g、c、d 段亮时显示出 5。

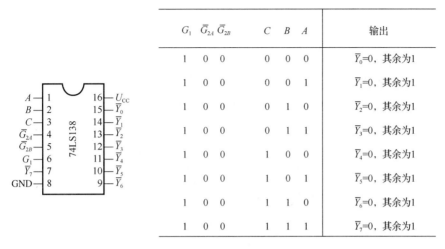

G_1	$\overline{G}_{2A}$	$\overline{G}_{2B}$	C	B	A	输出
1	0	0	0	0	0	$\overline{Y}_0=0$，其余为1
1	0	0	0	0	1	$\overline{Y}_1=0$，其余为1
1	0	0	0	1	0	$\overline{Y}_2=0$，其余为1
1	0	0	0	1	1	$\overline{Y}_3=0$，其余为1
1	0	0	1	0	0	$\overline{Y}_4=0$，其余为1
1	0	0	1	0	1	$\overline{Y}_5=0$，其余为1
1	0	0	1	1	0	$\overline{Y}_6=0$，其余为1
1	0	0	1	1	1	$\overline{Y}_7=0$，其余为1

图 4.47　74LS138 引脚图及逻辑关系

半导体数码管中七个发光二极管有共阴极和共阳极两种接法，如图 4.49 所示。前者，某一段接高电平时发光；后者，接低电平时发光。使用时每个管要串联限流电阻（约 100Ω）。

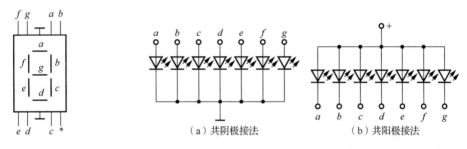

图 4.48　半导体数码管　　　　图 4.49　半导体数码管两种接法

在用半导体数码管显示器件时，必须配合使用七段显示译码器。七段显示译码器的功能就是把"8421"二-十进制代码译成对应于数码管的七字段信号，驱动数码管，显示出相应的十进制数码。

如果采用共阴极数码管，则七段显示译码器的状态表如表 4.12 所示。

表 4.12　七段译码器状态表

输入				输出							显示数码
D	C	B	A	a	b	c	d	e	f	g	
0	0	0	0	1	1	1	1	1	1	0	0
0	0	0	1	0	1	1	0	0	0	0	1
0	0	1	0	1	1	0	1	1	0	1	2
0	0	1	1	1	1	1	1	0	0	1	3
0	1	0	0	0	1	1	0	0	1	1	4
0	1	0	1	1	0	1	1	0	1	1	5
0	1	1	0	1	0	1	1	1	1	1	6
0	1	1	1	1	1	1	0	0	0	0	7
1	0	0	0	1	1	1	1	1	1	1	8
1	0	0	1	1	1	1	1	0	1	1	9

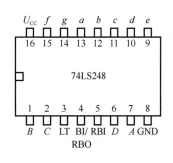

图 4.50 74LS248 引脚图

图 4.50 是七段显示译码器 74LS248 的引脚图，输入端 D、C、B、A 用来输入 8421 码；a、b、c、d、e、f、g 为七段码输出端，高电平输出可直接驱动共阴极 LED 的相应各字段；LT（引脚 3）为灯测试输入端；RBI（引脚 5）为灭 0 输入端；BI/RBO（引脚 4）为灭灯输入（BI）和动态灭灯输出（RBO）控制端。在要求正常输出功能时，LT、BI、RBI 各端均处于高电平；当 BI 为低电平时，各段输出均被切断；当 RBI 和 A、B、C、D 均为低电平，LT 为高电平时，各段输出均被切断；当 LT 为低电平，RBO 为高电平时，各段输出均为导通状态。

图 4.51 是 74LS248 显示译码器与共阴极半导体数码管的连接图。

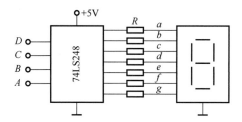

图 4.51 译码器与显示器的连接

习 题

4.1 试画出在如图 4.52 所示的 A、B、C、D 信号作用下，各门的输出波形。

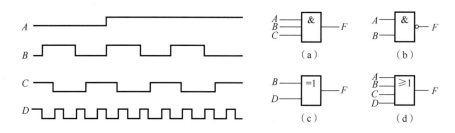

图 4.52 习题 4.1 图

4.2 逻辑电路图如图 4.53（a）所示，其输入波形 A、B、C 如图 4.53（b）所示，试画出电路的输出 F_1 和 F_2 的波形图。

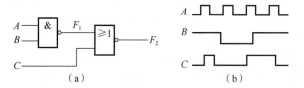

图 4.53 习题 4.2 图

4.3　下列逻辑式不正确的是（　　　）。

A. $\overline{A\overline{B}} + \overline{A}B = AB + \overline{A}\overline{B}$　　B. $\overline{A} + AB = \overline{A} + B$　　C. $A + B = \overline{\overline{A} + \overline{B}}$

4.4　列出下列逻辑函数式的真值表。

（1）$F = ABC + \overline{A}$；（2）$F = \overline{A\overline{B} + \overline{A}B}$。

4.5　试根据表 4.13 写出输出的与或逻辑函数式。

表 4.13　真值表

A	B	F
0	0	0
0	1	1
1	0	1
1	1	1

4.6　逻辑电路如图 4.54 所示，当 A 和 B 为何值时 F 为 0？

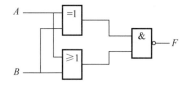

图 4.54　习题 4.6 图

4.7　用公式化简下列逻辑函数式。

（1）$F = AB + ABC + AB(D + E)$；

（2）$F = (A + B)(\overline{A} + \overline{B})\overline{B}$；

（3）$F = \overline{AC + \overline{A}BC + \overline{B}C + AB\overline{C}}$；

（4）$F = A \cdot \overline{B} \cdot \overline{C} + \overline{A} \cdot \overline{B} + \overline{A} \cdot D + C + B \cdot D$；

（5）$F = \overline{\overline{A}C + BC} + A\overline{B}C + \overline{ABC} + \overline{B}C + AC$。

4.8　用布尔代数证明下列等式。

（1）$ABC + \overline{A} + \overline{B} + \overline{C} = 1$；

（2）$\overline{\overline{\overline{(\overline{A} + B)}} + \overline{\overline{(A + \overline{B})}} + \overline{(\overline{A}B)}(A\overline{B})} = 1$；

（3）$(A + B + C)(A + B + \overline{C})(\overline{A} + B + C) = B + AC$；

（4）$AB(C + D) + D + \overline{D}(A + B)(B + C) = AC + B + D$。

4.9　根据下列逻辑式，画出相应的逻辑图。

（1）$F = (A + B) + (A + C)$；

（2）$F = A(B + C) + BC$；

（3）$F = A\overline{B} + B\overline{C} + C\overline{A}$；

（4）$F = \overline{\overline{ABC} + \overline{A\overline{B}}}$。

4.10　利用与非门电路实现下列逻辑函数。

（1）$F = \overline{A}$；

（2）$F = ABC$；

（3）$F = A + B + C$；

（4）$F = ABC + DEF$；

（5）$F = \overline{A + B + C}$。

4.11　先化简下列逻辑函数，再用与非门实现其逻辑电路图。

（1）$F = \overline{A}\,\overline{B} + A\overline{B} + \overline{A}B$；

（2）$F = A\overline{B} + B + ACD$。

4.12　用卡诺图将下列逻辑函数化简为最简与或表达式。

（1）$F = A\overline{B} + \overline{A}B + AB$；

（2）$F = \overline{A}\,\overline{B}\,\overline{C} + A + B + C$；

（3）$F = A\overline{B} + BD + CDE + \overline{A}D$；

（4）$F = \overline{\overline{AD(A + \overline{D})} + ABC + CD + \overline{(B + C)}} + AB\overline{C}$；

（5）$F = (A + B)(A + \overline{A}B)C + \overline{\overline{A}(B + \overline{C})} + \overline{A}B + ABC$。

4.13　写出如图 4.55 所示各图的逻辑函数式，并化简。

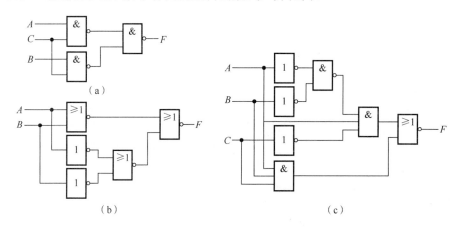

图 4.55　习题 4.13 图

4.14　如图 4.56 所示，用电键（也可用拨码盘）输入十进制数据。当所有的输入端通过电键接到电源+5V 时（图示位置），编码器的输出为 0000；当输入 1～8 中某一个十进制时，其相应的输入端通过电键接地（低电平），而其他输入端为高电平（接+5V）。例如，对十进制数 6 进行编码时，电键 6 接地（0），其余输入均为 1，这时编码器的输出 $A=0$、$B=1$、$C=1$、$D=0$，即 $ABCD=0110$。这样就把十进制数 6 编成二进制代码 0110。按图中编码表，完成各输入线到编码器各与非门输入端的连线。

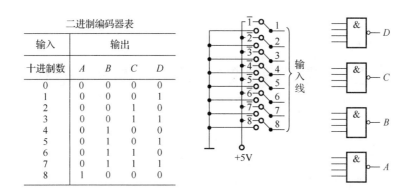

二进制编码器表

输入	输出			
十进制数	A	B	C	D
0	0	0	0	0
1	0	0	0	1
2	0	0	1	0
3	0	0	1	1
4	0	1	0	0
5	0	1	0	1
6	0	1	1	0
7	0	1	1	1
8	1	0	0	0

图 4.56　习题 4.14 图

4.15　试设计一个奇偶判别电路。有三个输入信号 A、B、C，当三个输入信号中有奇数个为高电平时输出端 F 为高电平，否则输出为低电平。

4.16　有一个两地控制的照明电路，如图 4.57 所示。用两个单刀双头开关 A 和 B（分别设置在两地）控制电灯 L。当 A、B 两个开关同时扳到上面或下面时，电灯 L 就亮，否则灯灭。设开关扳到上面为 1，扳到下面为 0；灯亮为 1，灯灭为 0。试写出这个电路的逻辑函数式，并画出逻辑电路图。

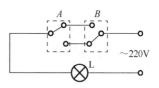

图 4.57　习题 4.16 图

4.17　设计一个具有三输入端的数字电路。要求：当输入信号的多数（过半数）为低电平时，输出为高电平。

4.18　有三台电动机 A、B、C，正常情况下必须有两台开机，而且只允许两台开机，但是 B 和 C 两台电动机不能同时开机。若用指示灯 F 显示工作情况正常，求 F 的逻辑函数式，并用门电路实现。

4.19　试设计一个数值比较器，对两个一位二进制数 A 和 B 进行比较，仅当 $A>B$（即 $A=1$、$B=0$）时，输出结果 $F_1=1$；仅当 $A=B$ 时，输出结果 $F_2=1$；仅当 $A<B$（即 $A=0$、$B=1$）时，输出结果 $F_3=1$。

第 5 章　触发器和时序逻辑电路

以特定的顺序执行操作的能力是数字网络的最重要特征之一，而由门电路组成的组合逻辑电路中，其输出状态完全取决于当时的输入变量的状态，而与电路原来的状态无关，也就是组合逻辑电路不具有记忆功能。然而在数字系统中，信号的处理需要按照特定顺序进行，这就要求有记忆功能。所谓时序逻辑电路，是指电路的输出状态保持或变化情形取决于系统的输入及其当前状态。触发器（flip-flop）就是一种具有记忆存储功能的器件，它是构成时序逻辑电路的基本单元。

5.1　双稳态触发器

双稳态触发器

触发器是构成时序电路的基本单元，按其稳定工作状态可分为双稳态触发器、单稳态触发器和无稳态触发器。本节主要介绍双稳态触发器，后面会结合 555 定时器介绍单稳态触发器和无稳态触发器。

双稳态触发器按逻辑功能可分为 RS 触发器、JK 触发器、D 触发器、T 触发器和 T′ 触发器；按触发方式又可分为电平触发、同步触发和边沿触发的触发器。

数字电路中的基本工作信号是二进制数字信号，触发器就是存放这种信号的基本单元。由于一位二进制信号有 0、1 两种取值，因而双稳态触发器应具有下述功能：

（1）有两个稳定状态：0 状态和 1 状态。

（2）能接收、保持和输出送来的信号。

5.1.1　基本 RS 触发器

用两个与非门交叉连接，即构成基本 RS 触发器。如图 5.1（a）所示。

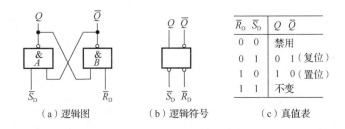

$\overline{R}_D$ $\overline{S}_D$	Q $\overline{Q}$
0　0	禁用
0　1	0　1（复位）
1　0	1　0（置位）
1　1	不变

（a）逻辑图　　　　　（b）逻辑符号　　　　　（c）真值表

图 5.1　与非门组成的基本 RS 触发器

基本 RS 触发器有两个输出端 Q 和 $\overline{Q}$，Q 和 $\overline{Q}$ 的状态在正常条件下相反。基本 RS 触发器有两个稳定状态，$Q=0$、$\overline{Q}=1$ 为 0 状态，又称复位状态；$Q=1$、$\overline{Q}=0$ 为 1 状

态，又称置位状态。

基本 RS 触发器有两个输入端 $\overline{R}_{D}$ 和 $\overline{S}_{D}$。当 $\overline{R}_{D}=0$、$\overline{S}_{D}=1$ 时，输出 $Q=0$、$\overline{Q}=1$，即为 0 状态。当 $\overline{R}_{D}=1$、$\overline{S}_{D}=0$ 时，输出 $Q=1$、$\overline{Q}=0$，即为 1 状态。当 $\overline{R}_{D}=1$、$\overline{S}_{D}=1$ 时，输出仍保持原状态不变。例如，触发器原为 1 状态，$Q=1$ 反馈到 B 门输入，使 $\overline{Q}=0$，$\overline{Q}=0$ 反馈到 A 门输入，只要 $\overline{R}_{D}=1$，就能保持 $Q=1$。这说明触发器具有记忆或存储信息的功能。当 $\overline{R}_{D}=0$、$\overline{S}_{D}=0$ 时，两个输出端都为 1。此时，两个输出端 Q 和 $\overline{Q}$ 的状态不再互补，这不是触发器的正常应用状态。另外，当两个输入的 0 信号同时撤除（即恢复为 1）后，此时输出端的状态将由两个门的翻转速度及两个输入信号撤除的先后等因素决定。这种不确定状态容易引起电路的误动作，因而在使用时应当避免出现这种情况。

基本 RS 触发器的逻辑符号及真值表如图 5.1（b）、图 5.1（c）所示。

5.1.2　同步 RS 触发器

在实际应用中，往往要求触发器的状态，不是立即随 R、S 输入端信号转换，而是在外部时间信号（称为时钟脉冲）的作用下，把 R、S 端的状态反映到输出端，使整个系统同步动作。这样的触发器称为同步触发器。用与非门组成的同步 RS 触发器，如图 5.2（a）所示，图中，$\overline{R}_{D}$、$\overline{S}_{D}$ 为直接置位端和复位端，用来预置触发器的初始状态。在基本 RS 触发器的输入端，再增加两个与非门 C、D。C、D 的输入除 S 和 R 端外，还有时钟脉冲输入端 CP。当 CP = 0 时，C、D 门关闭，无论 R、S 输入如何，C 门和 D 门的输出都为高电平，即基本 RS 触发器的两个输入端都为 1 状态，触发器保持原来状态不变。

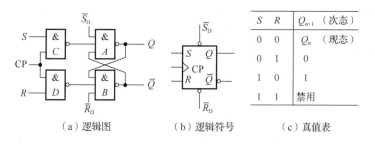

S	R	Q_{n+1} （次态）
0	0	Q_n （现态）
0	1	0
1	0	1
1	1	禁用

（a）逻辑图　　　　（b）逻辑符号　　　　（c）真值表

图 5.2　与非门组成的同步 RS 触发器

当 CP = 1 时，C、D 门打开，触发器的新态由 R 和 S 决定。同步 RS 触发器的逻辑符号及其真值表如图 5.2（b）、图 5.2（c）所示。

注意：只有当时钟脉冲到来时，触发器的状态才翻转，也就是触发器状态的改变与时钟脉冲同步。

A 门和 B 门的 $\overline{R}_{D}$ 和 $\overline{S}_{D}$ 输入端，用于触发器直接置位和复位。若在 $\overline{S}_{D}$ 端加低电平，则不管触发器原来处于什么状态均将触发器置 1。同样，若在 $\overline{R}_{D}$ 端加低电平，则使触发器置 0。这样就可使触发器不必经过时钟脉冲的控制，而预选置在一定的状态。正常工作不用这两个输入端时，把它们接高电位。

图 5.3 是同步 RS 触发器的波形图。

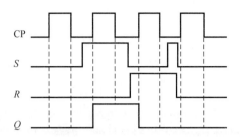

图 5.3 同步 RS 触发器的波形图

注意：同步 RS 触发器是在 CP 脉冲为高电平时触发翻转。翻转后的状态决定于 R、S 端信号的状态，触发器的翻转与 CP 脉冲信号同步。

同步 RS 触发器属于高电平触发。在 CP = 1 期间，如果 R、S 端的信号有变化，触发器的状态随之改变，会出现所谓的"空翻现象"，这就破坏了输出状态应与 CP 脉冲同步的要求。

5.1.3 主从型 JK 触发器

主从型 JK 触发器如图 5.4（a）所示。它包括两个同步 RS 触发器，其中一个是主触发器，另一个是从触发器。主触发器的输入端 J 和 K 接收信号，并把信号存贮在主触发器中。而从触发器接收并保存来自主触发器的信号。由主触发器到从触发器的信号传送是在时钟脉冲的后沿（下降沿）作用下完成的。信息接收过程如下：当 CP = 1（时钟脉冲到来时），$\overline{CP} = 0$，从触发器被封锁，输出保持原有状态不变；而主触发器则接收 J、K 输入端的信号，并将它保存起来。当时钟脉冲后沿到来时，CP 由 1 变 0，主触发器被封锁；而 $\overline{CP}$ 由 0 变 1。贮存在主触发器中的信号便送入从触发器。输出的新状态，在下一个时钟脉冲的后沿出现以前，一直保持不变。

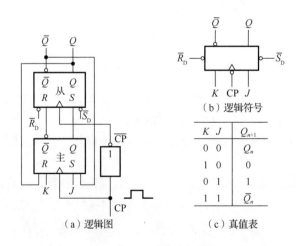

图 5.4 主从型 JK 触发器

JK 触发器的逻辑符号和真值表如图 5.4（b）、图 5.4（c）所示。

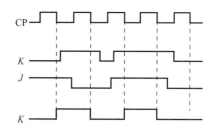

图 5.5 是后沿触发的 JK 触发器的状态转换情况。设触发器原来是 1 状态，即 $Q=1$，$\overline{Q}=0$，当 $J=K=1$，反馈使主触发器的 R 输入为 1，S 输入为 0，所以 CP 由 1 变 0 后将使触发器翻转为 0 状态，即 $Q=0$，$\overline{Q}=1$。同理，下一个 CP 脉冲的后沿又将使触发器翻转为 1 状态。可见，JK 触发器当

图 5.5　后沿触发 JK 触发器的波形图

$J=K=1$，在时钟脉冲相继作用下，能来回翻转。这种功能可用于计数。

当 CP=1 时，主触发器接收 J、K 输入端的信号和触发器输出反馈的现态信号。在 CP 脉冲持续期间，触发器的输出维持现状不变。仅在 CP 由 1 变为 0 后，从触发器才根据主触发器状态进行翻转，触发器的输出才变为次态。

JK 触发器也有设计成前沿（上升沿）触发的，其符号如图 5.6 所示。图 5.7 是 74LS112 双 JK 集成触发器的引脚图。

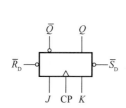

图 5.6　前沿 JK 触发器符号

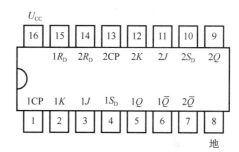

图 5.7　74LS112 双 JK 集成触发器的引脚图

5.1.4　维持阻塞型 D 触发器

图 5.8（a）是维持阻塞型 D 触发器。它由六个与非门组成，其中，A、B 门构成基本 RS 触发器，C、D、E、F 门构成导引电路。其工作原理如下：

当 CP $=0$ 时，C、D 门关闭，C、D 门的输出均为高电平，与输入端 D 的状态无关，由 A、B 门组成的基本 RS 触发器保持原来状态。

若 $D=0$，当 CP $=0$ 时，E 门输出为 1，F 门输出为 0。在 CP 脉冲前沿到来时，即 CP 脉冲由 0 变为 1 时，C 门的三个输入端全为 1，所以 C 门的输出由 1 变 0，而由于 F 门的输出为 0，所以 D 门的输出为 1。这就使 A、B 门组成的基本 RS 触发器置 0。另外，C 门输出的低电平又反馈回来关闭了 E 门，在 CP $=1$ 期间，不论输入端 D 的状态如何变化都能保持 E 门输出为 1，F 门输出为 0，从而保持了 C 门输出为 0，D 门输出为 1，既维持了置 0 信号（C 门输出为 0），又阻塞了置 1 信号（D 门输出为 0）的产生。因此，在 CP $=1$ 期间，Q 和 $\overline{Q}$ 都不会再变化。当 CP 脉冲由 1 变为 0 时，C、D 门又关闭，输出也不会变化。

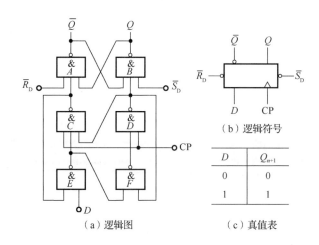

（a）逻辑图　　　　　　　　　（c）真值表

图 5.8　维持阻塞型 D 触发器

　　若 $D=1$，当 $CP=0$ 时，则 E 门输出为 0，F 门输出为 1。在 CP 脉冲前沿到来时，D 门输出由 1 变为 0，而 C 门输出仍保持 1，这就使基本 RS 触发器置 1。另外，D 门输出的低电平又反馈到 F 门和 C 门的输入端，关闭了 F、C 门，这样既维持了置 1 信号（D 门输出为 0），又阻塞了置 0 信号（C 门输出为 0）的产生。因此，在 $CP=1$ 期间，输入端 D 的变化不会使触发器输出端状态发生变化。当 CP 脉冲再由 1 变为 0 时，触发器状态也不会改变。

　　由上述分析可知，维持阻塞型 D 触发器是一种边沿触发器，其次态只与 CP 脉冲的触发沿（上升沿或下降沿）到达时刻前瞬间的输入信号状态有关，而与其他时间（$CP=0$ 或 $CP=1$）的输入状态无关。图 5.8（a）所示的 D 触发器具有这样的逻辑功能：在 CP 脉冲前沿到来以前，若 $D=0$，CP 脉冲前沿到来时触发器置 0；在 CP 脉冲前沿到来前，若 $D=1$，CP 脉冲前沿到来时触发器置 1。即时钟脉冲前沿到来后输出端 Q 的状态和该脉冲前沿到来前输入端 D 的状态一样，可以写成 $Q_{n+1}=D_n$。

　　维持阻塞型 D 触发器的逻辑符号和真值表如图 5.8（b）、图 5.8（c）所示。

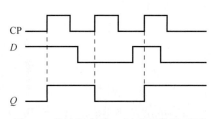

图 5.9　维持阻塞型 D 触发器的波形图

　　图 5.9 是 D 触发器的波形图。维持阻塞型 D 触发器在时钟脉冲的前沿触发翻转。

　　上述的主从型触发器和维持阻塞型触发器是从电路结构上来分的，至于 JK 触发器和 D 触发器可以是主从型的，也可以是维持阻塞型的。但常用的 JK 触发器多为主从型，而 D 触发器多为维持阻塞型。

5.1.5　触发器逻辑功能的转换

　　在实际应用中，某种逻辑功能的触发器经过改接或附加一些门电路后，可以转换为另一种触发器。

1. 将 JK 触发器转换为 D 触发器

D 输入端接到 J 端，同时经过一个非门接到主从型 JK 触发器的 K 端前面，如图 5.10 所示。当 $D=0$，即 $J=0$ 和 $K=1$ 时，在 CP 脉冲后沿到来时触发器翻转为（或保持）0 状态；当 $D=1$ 时，即 $J=1$ 和 $K=0$ 时，在 CP 脉冲后沿到来时触发器翻转为（或保持）1 状态。因此该逻辑电路具有 D 触发器的逻辑功能。

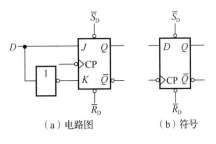

（a）电路图　　　（b）符号

图 5.10　JK 触发器转换为 D 触发器

2. 将 JK 触发器或 D 触发器转换为 T 触发器

T 触发器又称翻转触发器或计数触发器，每来一个时钟脉冲，触发器就翻转一次。T 触发器的输出状态可用 $Q_{n+1}=\bar{Q}_n$ 表示。一个 JK 触发器或 D 触发器经过修改后，就可转换为一个 T 触发器。图 5.11 是它们的逻辑图和输出波形图。

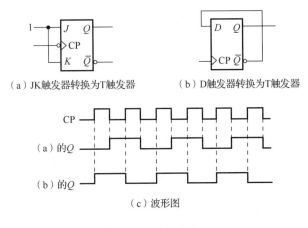

（a）JK触发器转换为T触发器　　　（b）D触发器转换为T触发器

（c）波形图

图 5.11　T 触发器

由于每来一个时钟脉冲触发器的状态都要翻转一次，所以在每两个时钟脉冲到达后，电路的输出将恢复到原来的状态，因此，它可以作为时钟脉冲的 2 分频电路使用。

5.2　寄　存　器

寄存器

寄存器是一种重要的数字电路部件，常用它暂时存放数据、指令等。它由若干个触发器组成，一个触发器可以贮存一位二进制代码，存放 n 位二进制代码，用 n 个触发器即可。寄存器常分为数码寄存器和移位寄存器。移位寄存器在存储数码的同时还有移位功能。寄存器还可以按照数据的输入和传送方式不同而分类。全部触发器同时置数的，称为并行寄存器；数据逐位移入的，称为串行寄存器。寄存器的位数称为寄存器长度。

5.2.1 数码寄存器

图 5.12 是一个四位并行的数码寄存器。它包括四个基本 RS 触发器，其输入及输出分别经与非门和与门控制。需要寄存的数据各位同时送至各输入端。接收数据之前，用清 0 负脉冲将全部触发器清 0。数据接收用正脉冲写入信号，它使全部输入门打开，这时凡是输入为 1 的与非门，就会输出一个负脉冲，将相应的触发器置 1，而输入为 0 的与非门输出为 1，即没有负脉冲输出，其对应的触发器保持 0 态不变。例如，输入的数据为二进制数 1101，当写入脉冲到来时，寄存器就把 1101 接收进去，并保存起来。当需要输出数据时，用读出脉冲将存贮在寄存器中的数据，在输出端以并行方式输出。

由 D 触发器组成的并行寄存器，如图 5.13 所示。在写入脉冲（CP 脉冲）到来时，寄存器在脉冲的上升沿接收输入信息，新的数据将代替旧数据。

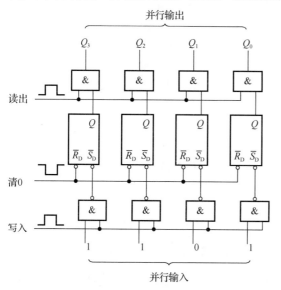

图 5.12　四位数码寄存器

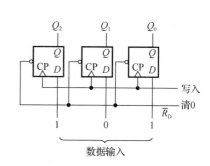

图 5.13　由 D 触发器组成的并行寄存器

5.2.2 移位寄存器

图 5.14（a）是一个由 JK 触发器组成的四位串行输入、并行输出的移位寄存器。图中第一个触发器（FF_0）接成 D 触发器，接收外部数据，其他每一个触发器输入 J 和 K 分别与前一个触发器的输出 Q 和 $\bar{Q}$ 相连。每当 CP 脉冲的下降沿到来时，输入数码移入 FF_0，同时每个触发器的状态也向左移一位，例如，将四位二进制数 1011 存入寄存器，则把数据 1011 从高位到低位依次送到数据输入端，在 CP 脉冲的作用下，数据由低位触发器向高位触发器移动，移动情况如图 5.14（b）所示。可以看出，当来过四个 CP 以后，1011 这四位数码恰好全部移入寄存器中。它可以从 $Q_3Q_2Q_1Q_0$ 输出，即并行输出。也可以从最后一个触发器（FF_3）的 Q_3 端串行输出，只要再用四个移位脉冲，

四位数据便可依次地从 Q_3 端送出去。Q_3 端亦称串行输出端。因此，如图 5.14（a）所示电路称为串行输入、串行输出或并行输出的左向移位寄存器。

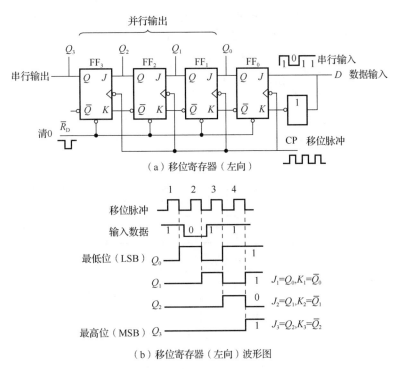

（a）移位寄存器（左向）

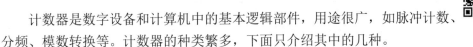

（b）移位寄存器（左向）波形图

图 5.14　由 JK 触发器组成的四位移位寄存器

5.3　计　数　器

计数器是数字设备和计算机中的基本逻辑部件，用途很广，如脉冲计数、分频、模数转换等。计数器的种类繁多，下面只介绍其中的几种。

5.3.1　二进制计数器

因为一个触发器可以表示一位二进制数，如果计数需要计到 n 位二进制数，就需要 n 个触发器。

1. 异步二进制计数器

图 5.15（a）是一个四位异步二进制加法计数器，每个触发器的 J 和 K 输入端均为 1，当每个触发器的 CP 脉冲下降沿到来时，触发器就翻转。时钟脉冲送入第一个触发器 FF_0 的 CP 端，FF_0 的输出 Q_0 接到第二个触发器的 CP 端，其余触发器的接法依此类推。在计数开始之前，用负脉冲信号 $\overline{R}_D$ 使所有的触发器复位（清 0）。当第一个脉冲输入后，FF_0 由 0 态变为 1 态，即 Q_0 由 0 变 1；当第二个脉冲输入后，FF_0 由 1 态变为 0 态，即

Q_0 由 1 变 0，并产生一进位信号使 FF_1 翻转，Q_1 由 0 变 1；其余依此类推。当第 16 个脉冲来到后，四个触发器又都复位到 0 态。从第 17 个输入脉冲起，又进入新的计数周期。其计数工作波形图如图 5.15（b）所示。

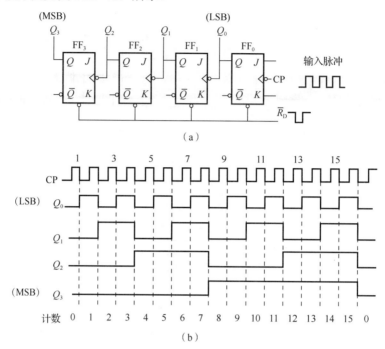

（a）

（b）

图 5.15 异步二进制加法计数器

计数器各触发器状态的转换及计数的情况如表 5.1 所示。

表 5.1 各触发器输出状态表

时钟脉冲数	Q_3	Q_2	Q_1	Q_0
0	0	0	0	0
1	0	0	0	1
2	0	0	1	0
3	0	0	1	1
4	0	1	0	0
5	0	1	0	1
6	0	1	1	0
7	0	1	1	1
8	1	0	0	0
9	1	0	0	1
10	1	0	1	0
11	1	0	1	1
12	1	1	0	0
13	1	1	0	1
14	1	1	1	0
15	1	1	1	1
16	0	0	0	0

由于时钟脉冲不是同时加到各触发器的 CP 端，而只加到最低位触发器，其他各触发器则由相邻低位触发器输出的进位脉冲来触发，所以这种计数器称为异步计数器。

从输出波形图可以看到，Q_0 的频率是 CP 的 1/2，Q_1 的频率是 CP 的 1/4，……，因此，这种电路可用作分频电路。

四位二进制加法计数器，能计的最大数为 1111B 或 $2^4-1=15$。n 位二进制加法计数器，能计的最大数为 2^n-1。一个计数器所能计的数的最多个数称为该计数器的模。图 5.15 所示计数器能计 0000 至 1111 十六个数，为模 16 加法计数器。

如图 5.15（a）所示计数器，若将其低位触发器的 $\overline{Q}$ 端连到高位触发器的 CP 端，可以得到减法计数器，如图 5.16 所示。其工作原理可以自行分析。

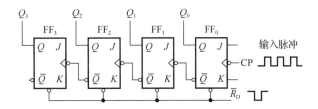

图 5.16　异步二进制减法计数器

前面所述异步计数器，由于它的信号是逐级传送的，后面触发器接收的信号必须通过前面所有的触发器，所以它的计数速度受到了限制。为了提高计数速度，时钟脉冲可以同时送给各触发器，使各触发器的状态变换与输入脉冲同步，这种形式的计数器称为同步计数器。

2. 同步二进制计数器

如果仍采用 JK 触发器，根据表 5.1 可以得到各触发器的翻转条件及要求如下：
（1）触发器 FF_0 每输入一个时钟脉冲，翻转一次，要求 $J_0 = K_0 = 1$。
（2）触发器 FF_1 是当 $Q_0=1$ 时，再来一个时钟脉冲才翻转，要求 $J_1 = K_1 = Q_0$。
（3）触发器 FF_2 是当 $Q_0 = Q_1 = 1$ 时，再来一个时钟脉冲才翻转，要求 $J_2 = K_2 = Q_0 Q_1$。
（4）触发器 FF_3 是当 $Q_0 = Q_1 = Q_2 = 1$ 时，再来一个时钟脉冲才翻转，要求 $J_3 = K_3 = Q_0 Q_1 Q_2$。

据上述分析的 J、K 端逻辑函数式，可以组成四位同步二进制计数器，如图 5.17 所示。

74LS161 是 4 位二进制计数器，具有异步清除、同步预置、计数、锁存等功能。图 5.18 是 74LS161 的引脚图，各引脚的功能为如下：
（1）1 为清零端 $\overline{R}_D$，低电平有效；
（2）2 为时钟输入端 CP，上升沿↑有效；
（3）3～6 为数据输入端 $A_0 \sim A_3$，是预置数，可预置一个 4 位二进制数 d_3、d_2、d_1、d_0；
（4）7、10 为计数控制端 EP、ET，当 EP=0 或 ET=0 时，计数器禁止计数，保持原来的状态。当 EP=ET=1 时，计数器为计数状态；

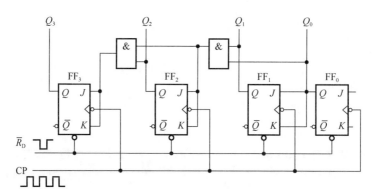

图 5.17　同步二进制计数器

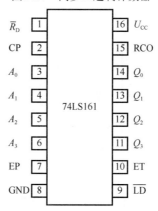

图 5.18　74LS161 引脚排列图

（5）9 为同步并行置数控制端 $\overline{LD}$，低电平有效；

（6）11～14 为数据输出端 $Q_3 \sim Q_0$；

（7）15 为进位输出端 RCO，高电平有效。

表 5.2 是 74LS161 的功能表。

表 5.2　74LS161 的功能表

$\overline{R}_D$	CP	$\overline{LD}$	EP	ET	A_3	A_2	A_1	A_0	Q_3	Q_2	Q_1	Q_0	工作模式
0	x	x	x	x			x		0	0	0	0	异步清零
1	↑	0	x	x	d_3	d_2	d_1	d_0	d_3	d_2	d_1	d_0	同步置数
1	↑	1	1	1			x			计数			加法计数
1	x	1	0	x			x			保持			数据保持
1	x	1	x	0			x			保持			数据保持

5.3.2　十进制计数器

二进制计数器虽然结构简单，容易实现，但人们对二进制数是不习惯的，因此在一些场合下，特别是在数字装置的终端，都广泛采用十进制计数器计数并将结果加以显示。

十进制计数器的计数方法是用一个四位的二进制计数器来表示一位十进制数，也称为二-十进制计数器。

由于一个触发器具有两个状态，则四个触发器组成的一个四位二进制计数器具有十六个状态，去掉其中的六个状态，用其余的十个状态表示十进制数中的 0～9 十个数字，于是一个四位二进制计数器可以用来表示一位十进制数。

十进制计数器的电路形式有很多种，但基本原理都是在四位二进制计数器的基础上，使其跳过六个无效状态以实现十进制计数。

1. 异步十进制计数器

在图 5.15（a）所示四位二进制加法计数器的基础上加以修改就可得到一个异步十进制加法计数器。要修改的主要问题是：如何从第一个无效状态 1010 返回到 0000。为达到上述目的，可以在电路中加入一个与非门，如图 5.19 所示。当计数到第一个无效状态时，用这个与非门来检测这一状态，令其输出作为复位信号 $\overline{R}_D$，强制所有的触发器置 0。即当 $Q_3Q_2Q_1Q_0 = 1010$ 时，这个与非门的输入 Q_3Q_1 全为 1，则其输出为 0，用此低电平作为 $\overline{R}_D$，使计数器复位到 0000。这种计数器称为反馈型十进制计数器。

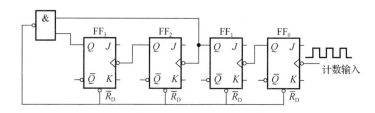

图 5.19　异步十进制加法计数器（反馈型）

该计数器的优点是电路简单，但工作速度较低。因为当检测到第一个无效状态时，还要经过一个与非门的传输延迟时间之后，才发出强制复位脉冲，使各个触发器复位，计数器返回到 0000。这一点就要求时钟脉冲的频率不能太高，否则将出现逻辑错误。如果各触发器的传送延迟时间不同，则置 0 脉冲由与非门送出后，触发器输出由 1 变 0 有先后，先变 0 的输出将使置 0 脉冲结束，这就可能会有来不及变 0 的，从而出现差错。为克服这个缺点，可采用一个锁存器，如图 5.20 所示，用来锁存与非门输出的 0 态。这样，在本次时钟脉冲存在期间，即使 Q_3Q_1 由 1 变 0 有先后，置 0 脉冲也不会结束，从而使全部触发器清零。

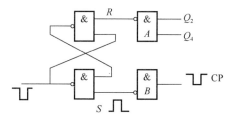

图 5.20　改进后的复位电路

图 5.21（a）是逻辑型异步十进制加法计数器，由四个主从型触发器组成，其工作原理分析如下：

计数从 0 到 7，触发器 FF_3 一直为 0 状态，使 $J_1 = \overline{Q}_3 = 1$，因此，各触发器的翻转情况和异步二进制加法计数器（图 5.15）相同。

在第七个 CP 过后，$Q_3Q_2Q_1Q_0 = 0111$，此时 $J_3 = Q_1Q_2 = 1$ [图 5.21（b）]，为触发器 FF_3 由 0 翻转到 1 准备了条件。当第八个 CP 过后，触发器 FF_0、FF_1、FF_2 相继由 1 状态变为 0 状态，触发器 FF_3 由 0 状态变为 1 状态，即 $Q_3Q_2Q_1Q_0 = 1000$。此时，$Q_3 = 1$，$J_1 = \overline{Q}_3 = 0$。第九个 CP 过后，电路状态为 1001。第十个 CP 过后，由于 $J_1 = \overline{Q}_3 = 0$ 的阻塞作用，即使 FF_0 由 1 状态变为 0 状态，也不能使 FF_1 翻转，仍维持 0 态。但是，FF_0 的 Q_0 输出脉冲下降沿，却能直接去触发 FF_3，使 FF_3 的 Q_3 由 1 变为 0。这样，计数器就从 1001 状态返回到 0000 状态，从而跳过了 1010～1111 六个无效状态。

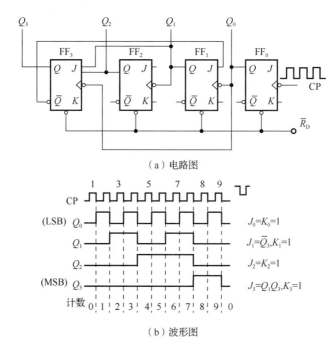

（a）电路图

（b）波形图

图 5.21　异步十进制加法计数器（逻辑型）

2. 同步十进制计数器

同步十进制加法计数器也是能从 0000 到 1001 计数。在第十个时钟脉冲到来时，计数器返回到 0000。

采用 JK 触发器来构成的同步十进制计数器，必须满足下列条件和要求。

（1）触发器 FF_0：每输入一个 CP 脉冲翻转一次，故 $J_0 = K_0 = 1$。

（2）触发器 FF_1：当 $Q_0 = 1$ 和 $Q_3 = 0$ 时，再来一个时钟脉冲 FF_1 才翻转，故 $J_1 = K_1 = Q_0\overline{Q}_3$。

（3）触发器 FF_2：当 $Q_0 = Q_1 = 1$ 和 $Q_3 = 0$ 时，再来一个时钟脉冲 FF_2 就翻转，故 $J_2 = K_2 = Q_0 Q_1 \bar{Q}_3$。

（4）触发器 FF_3：当 $Q_3 Q_2 Q_1 Q_0 = 0111$、$J_3 = 1$ 时，再来一个时钟脉冲可使 FF_3 翻转一次（由 0 变 1）；当 $Q_3 Q_2 Q_1 Q_0 = 1001$、$J_3 = 0$、$K_3 = Q_0 = 1$ 时，再来一个时钟脉冲，触发器 FF_3 又翻转一次（由 1 变 0），故 $J_3 = Q_0 Q_1 Q_2 \bar{Q}_3$，$K_3 = Q_0$。

由此得到的同步十进制计数器如图 5.22（a）所示，图 5.22（b）是输出状态表。

从图 5.22（a）中还可以看出，计数为 1001 时，$\bar{Q}_3 = 0$，它封锁了 FF_1 和 FF_2。当第十个时钟脉冲到来，触发器 FF_0 和 FF_3 由 1 态翻转为 0，而 FF_1 和 FF_2 仍保持 0 态不变，这就实现了计数到 1001 后，下一个时钟脉冲可使计数器输出从 1001 返回到 0000。

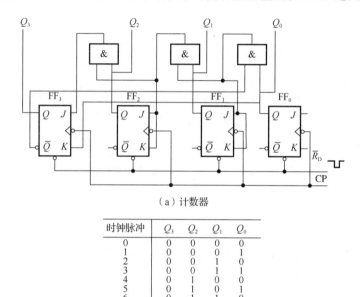

（a）计数器

时钟脉冲	Q_3	Q_2	Q_1	Q_0
0	0	0	0	0
1	0	0	0	1
2	0	0	1	0
3	0	0	1	1
4	0	1	0	0
5	0	1	0	1
6	0	1	1	0
7	0	1	1	1
8	1	0	0	0
9	1	0	0	1
10	0	0	0	0

（b）输出状态表

图 5.22　同步十进制计数器

5.3.3　任意进制计数器

目前常用的集成计数器主要是二进制、十进制和十六进制。如果需要其他的任意进制计数器，可以由现有的计数器通过外接电路实现。下面介绍构成任意进制计数器常用的两种方法。

1. 反馈清零法

反馈清零法是当计数器达到所需状态时，将计数器的输出信号反馈到清零端，从而得到小于原进制的计数器。

图 5.23 所示电路是用 74LS161 构成的十二进制计数器。

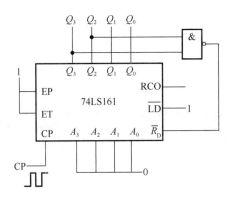

图 5.23　由集成计数器 74LS161 构成的十二进制计数器（反馈清零法）

74LS161 是同步 4 位二进制计数器，最大可计 16 个脉冲，因此一片 74LS161 就可以构成一个十二进制计数器。令 $EP = ET = 1$、$\overline{LD} = 1$，计数器处于计数状态，并从 0000 开始计数。12 个脉冲过后，计数器有 $0000 \sim 1100$ 十三个状态，电路将 1100 反馈回 $\overline{R}_D$ 端，则 $\overline{R}_D = \overline{Q_2 Q_3} = 0$，计数器被强制性地清零，回到 0000 状态开始重新计数。状态 1100 在出现的瞬间就被清零回到 0000 状态，因此只会出现 $0000 \sim 1011$ 十二个状态，从而实现十二进制计数器的功能。

2. 反馈置数法

反馈置数法是当计数器达到所需状态时强制性对其置数，使计数器从被置的状态开始重新计数，从而实现任意进制计数器。

图 5.24 为用反馈置数法构成十二进制计数器。

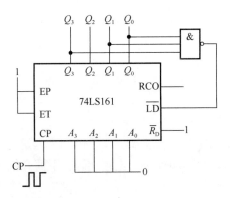

图 5.24　由集成计数器 74LS161 构成的十二进制计数器（反馈置数法）

令 $EP = ET = 1$、$\overline{R}_D = 1$，计数器处于计数状态，并从 0000 开始计数。当状态 1011 反馈回 $\overline{LD}$ 端时，$\overline{LD} = \overline{Q_0 Q_1 Q_3} = 0$，计数器处于置数状态，但还没有对输出端置数。当再来一个时钟脉冲时，置数开始，0000 被强制性地送到输出端 $Q_3 \sim Q_0$，计数器从 0000

状态开始重新计数。状态 1011 在下一个时钟脉冲出现后才会消失，所以计数器会出现 0000～1011 十二个状态，实现十二进制计数器的功能。

当一级计数器的模数 N 小于所引起的模数 M 时，就需要用两级或多级计数器级联实现。图 5.25 为采用级联方法利用两片集成计数器 74LS161 实现的异步六十进制计数器。

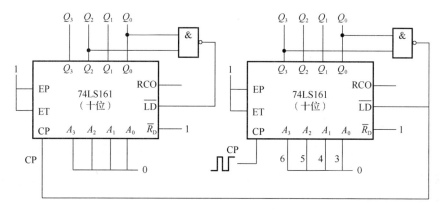

图 5.25　两片集成计数器 74LS161 构成的异步六十进制计数器

计数器 74LS161 是 4 位二进制计数器，最大可计 16 个脉冲，因此构成一个六十进制计数器需要两片 74LS161。两片 74LS161 分别接成十进制计数器（低位）和六进制计数器（高位），同时低位（个位）的置数脉冲作为高位（十位）的时钟脉冲。令两片 74LS161 的 $EP = ET = 1$、$\overline{R}_D = 1$，计数器处于计数状态，从 0000 0000 开始计数。当来了 10 个脉冲后，低位计数器置数开始，0000 被强制性地送到输出端 $Q_3 \sim Q_0$，低位计数器从 0000 状态开始重新计数，同时向高位计数器送一个时钟脉冲。60 个脉冲过后，计数器会出现 0000 0000～0101 1001 六十个状态，构成六十进制计数器。

5.3.4　环形计数器

环形计数器产生的是循环的顺序脉冲，如图 5.26 所示的电路是环形计数器。工作时，先将计数器置为 $Q_3Q_2Q_1Q_0 = 0001$ 状态，而后每当一个时钟脉冲的上升沿来到时，输出状态 $Q_3Q_2Q_1Q_0$ 改变一次，依次左移一位。当第四个时钟脉冲的上升沿来到时，$Q_3Q_2Q_1Q_0$ 恢复为 0001，即循环一次。其状态表如表 5.3 所示。

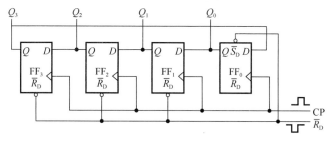

图 5.26　环形计数器

表 5.3 环形计数器状态表

CP	Q_3	Q_2	Q_1	Q_0
0	0	0	0	1
1	0	0	1	0
2	0	1	0	0
3	1	0	0	0
4	0	0	0	1

5.4 时序逻辑电路分析

时序逻辑电路分析就是分析给定逻辑电路的逻辑功能。由于时序电路的逻辑状态是按时间顺序随输入信号的变化而变化，因此，分析时序逻辑电路即找出电路的输出状态随输入变量和时钟脉冲作用下的规律。下面结合例题进行分析。

时序逻辑电路分析

例 5.1 计数器的逻辑电路如图 5.27 所示，设其初始状态为 000，试说明其逻辑功能，并画出波形图。

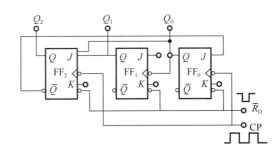

图 5.27 例 5.1 图

解： 由如图 5.27 所示的逻辑图可知，输入的时钟脉冲不是同时加在各触发器的输入端，故该计数器为异步计数器。

写出各触发器的逻辑方程（驱动方程）：

$$J_0 = \overline{Q}_2, \quad K_0 = 1, \quad \mathrm{CP}_0 = \mathrm{CP}$$
$$J_1 = 1, \quad K_1 = 1, \quad \mathrm{CP}_1 = Q_0$$
$$J_2 = Q_0 Q_1, \quad K_2 = 1, \quad \mathrm{CP}_2 = \mathrm{CP}$$

列出输出状态表，如表 5.4 所示。

表 5.4 输出状态表

CP	Q_2	Q_1	Q_0
0	0	0	0
1	0	0	1
2	0	1	0
3	0	1	1
4	1	0	0
5	0	0	0

由表 5.4 可知，输出状态经 5 个脉冲循环一次，此电路为异步五进制加法计数器。其波形图如图 5.28 所示。

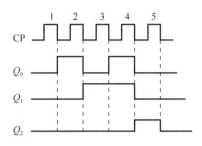

图 5.28 异步五进制加法计数器波形图

例 5.2 计数器的逻辑电路如图 5.29 所示，设其初始状态为 0000，试说明其逻辑功能。

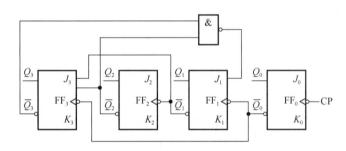

图 5.29 例 5.2 图

解: 由如图 5.29 所示的逻辑图可知，输入的时钟脉冲不是同时加在各触发器的输入端，故该计数器为异步计数器。

写出各触发器的逻辑方程（驱动方程）:

$$J_0 = 1, \quad K_0 = 1, \quad CP_0 = CP$$
$$J_1 = \overline{\overline{Q_2}\,\overline{Q_3}}, \quad K_1 = 1, \quad CP_1 = \overline{Q_0}$$
$$J_2 = 1, \quad K_2 = 1, \quad CP_2 = \overline{Q_1}$$
$$J_3 = \overline{Q_1}\,\overline{Q_2}, \quad K_3 = 1, \quad CP_3 = \overline{Q_0}$$

列出输出状态表，如表 5.5 所示。

表 5.5 输出状态表

CP	Q_3	Q_2	Q_1	Q_0
0	0	0	0	0
1	1	0	0	1
2	1	0	0	0
3	0	1	1	1

续表

CP	Q_3	Q_2	Q_1	Q_0
4	0	1	1	0
5	0	1	0	1
6	0	1	0	0
7	0	0	1	1
8	0	0	1	0
9	0	0	0	1
10	0	0	0	0

　　由表 5.5 可知，输出状态经 10 个脉冲循环一次，此电路为异步十进制减法计数器。

　　该电路有十六个状态，其中 1001～1000 十个状态进行有效循环，其他六个状态 1111、1110、1101、1100、1011 和 1010 为无效状态，但经时钟脉冲作用后可进入有效循环，其状态循环图如图 5.30 所示。

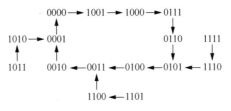

图 5.30　状态循环图

　　可以看出，此电路具有自启动功能。

5.5　由 555 定时器组成的单稳态触发器和多谐振荡器

555 定时器

　　555 集成定时器是一种模拟电路和数字电路相结合的中规模集成电路，其电路和外引线排列图如图 5.31 所示。

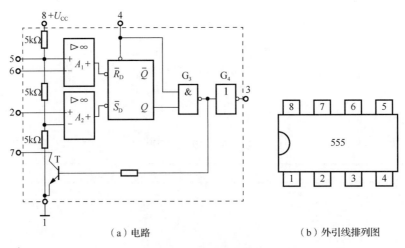

（a）电路　　　　　　　　　　　　（b）外引线排列图

图 5.31　555 集成定时器

555 定时器含有两个电压比较器 C_1 和 C_2、一个由与非门组成的基本 RS 触发器、一个放电晶体管 T 及由三个 5 kΩ 的电阻组成的分压器。比较器 C_1 的参考电压为 $\frac{2}{3}U_{CC}$，加在同相输入端；C_2 的参考电压为 $\frac{1}{3}U_{CC}$，加在反相输入端。两者均由分压器上取得。各外引线端的用途如下：

（1）引脚 1 为接地端。

（2）引脚 2 为低电平触发端，由此输入触发脉冲。当 2 端的输入电压高于 $\frac{1}{3}U_{CC}$ 时，C_2 的输出为 1；当输入电压低于 $\frac{1}{3}U_{CC}$ 时，C_2 的输出为 0，使基本 RS 触发器置 1。

（3）引脚 3 为输出端，输出电流可达 200mA，因此可直接驱动继电器、发光二极管、扬声器、指示灯等。输出高电压约低于电源电压 U_{CC} 1～3V。

（4）引脚 4 为复位端，由此输入负脉冲（或使其电位低于 0.7V）可使触发器直接复位（置 0）。

（5）引脚 5 为电压控制端，在此端可外加一电压以改变比较器的参考电压。不用时，经 0.01 μF 的电容接地，以防止干扰的引入。

（6）引脚 6 为高电平触发端，由此输入触发器脉冲。当输入电压低于 $\frac{2}{3}U_{CC}$ 时，C_1 的输出为 1；当输入电压高于 $\frac{2}{3}U_{CC}$ 时，C_1 的输出为 0，使触发器置 0。

（7）引脚 7 为放电端。当触发器的 $\overline{Q}$ 端为 1 时，放电晶体管 T 导通，外接电容元件通过 T 放电。

（8）引脚 8 为电源端，可在 5～18V 范围内使用。

555 定时器应用广泛，通过其外部不同的连接，就可以构成单稳态触发器和多稳态触发器。

5.5.1　由 555 定时器组成的单稳态触发器

图 5.32（a）是由 555 定时器组成的单稳态触发器电路图。R 和 C 是外接元件，触发脉冲由 2 端输入。下面说明它的工作原理。

1. 稳定状态（0～t_1）

当触发脉冲尚未输入时，u_i 为 1，其值大于 $\frac{1}{3}U_{CC}$，故比较器 C_2 输出为 1。在稳定状态时触发器究竟处于何种状态?这可从两种情况来分析得出结论。

若 $Q=0$、$\overline{Q}=1$，则晶体管 T 饱和导通，$u_C=U_{CES}$，其值远低于 $\frac{2}{3}U_{CC}$，故比较器 C_1 的输出也为 1，触发器的状态保持不变。

若 $Q=1$、$\overline{Q}=0$，则晶体管截止，U_{CC} 通过 R 对电容 C 充电，当 u_C 上升略高于 $\frac{2}{3}U_{CC}$ 时，比较器 C_1 的输出为 0，将触发器置 0，翻转为 $Q=0$、$\overline{Q}=1$。

可见，在稳定状态时 $Q=0$，即输出电压 u_o 为 0，见图 5.32（b）。

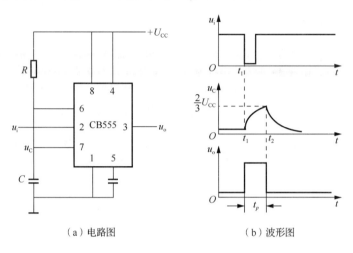

（a）电路图 （b）波形图

图 5.32 单稳态触发器

2. 暂稳状态（$t_1 \sim t_2$）

在 t_1 时刻，输入触发负脉冲，其幅度低于 $\frac{1}{3}U_{CC}$，故 C_2 的输出为 0，将触发器置 1，u_o 由 0 变为 1，电路进入暂稳状态。这时因 $\overline{Q}=0$，晶体管截止，电源对电容 C 充电。虽然在 t_2 时刻触发脉冲已消失，C_2 的输出变为 1，但充电继续进行，直到 u_C 上升略高于 $\frac{2}{3}U_{CC}$ 时（在 t_2 时刻），C_1 的输出为 0，从而使触发器自动翻转到 $Q=0$、$\overline{Q}=1$ 的稳定状态。此后电容 C 迅速放电。

输出的是矩形脉冲，其宽度（暂稳状态持续时间）为

$$t_p = RC\ln 3 = 1.1RC$$

单稳态触发器常用于脉冲整形和定时控制方面。

5.5.2 由 555 集成定时器组成的多谐振荡器

多谐振荡器也称无稳态触发器，它没有稳定状态，也无须外加触发脉冲，就能输出一定频率的矩形脉冲（自激振荡）。因为矩形波含有丰富的谐波，故称为多谐振荡器。

图 5.33 是由 555 定时器组成的多谐振荡器电路及波形图，R_1、R_2 和 C 是外接元件。

接通电源 U_{CC} 后，它经电阻 R_1 和 R_2 对电容 C 充电，当 u_C 上升略高于 $\frac{2}{3}U_{CC}$ 时，比较器 C_1 的输出为 0，将触发器置 0，u_o 为 0。这时 $\overline{Q}=1$，放电管 T 导通，电容 C 通过 R_2 和

T 放电，u_C 下降。当 u_C 下降略低于 $\frac{1}{3}U_{CC}$ 时，比较器 C_2 的输出为 0，将触发器置1。u_o 由 0 变为 1。由于 $\overline{Q}=0$，放电管 T 截止，U_{CC} 又经 R_1 和 R_2 对电容 C 充电。如此重复上述过程，u_o 为连续的矩形波，如图 5.33（b）所示。

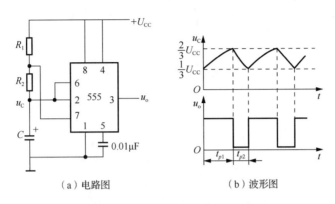

（a）电路图　　　　　　　　　（b）波形图

图 5.33　多谐振荡器

第一个暂稳状态的脉冲宽度 t_{p1}，即 u_C 从 $\frac{1}{3}U_{CC}$ 充电上升到 $\frac{2}{3}U_{CC}$ 所需的时间为

$$t_{p1} \approx (R_1+R_2)C\ln2 = 0.7(R_1+R_2)C \qquad (5.1)$$

第二个暂稳状态的脉冲宽度 t_{p2}，即 u_C 从 $\frac{2}{3}U_{CC}$ 放电下降到 $\frac{1}{3}U_{CC}$ 所需的时间为

$$t_{p2} \approx R_2C\ln2 = 0.7R_2C \qquad (5.2)$$

振荡周期为

$$T = t_{p1}+t_{p2} \approx 0.7(R_1+2R_2)C \qquad (5.3)$$

振荡频率为

$$f = \frac{1}{T} = \frac{1.43}{(R_1+2R_2)C} \qquad (5.4)$$

多谐振荡器是常用的一种矩形波发生器，触发器和时序电路中的时钟脉冲一般是由多谐振荡器产生的。

5.6　模拟量和数字量的转换

模拟量是随时间连续变化的量，如电压、电流、温度、压力等；而数字量是不连续变化的量，只有"1"和"0"两种状态。模数之间的相互转换有着重要的意义。例如，要采用计算机对生产过程进行控制，必须首先将要求控制的模拟量转换为数字量，才能送到计算机中去进行运算和处理，然后将得到的数字量转换为模拟量，才能实现对被控制参数的控制。再如，在数字测量仪表中，也需要数字化。用数字电压表去测电压时，必须将模拟量电压转换为数字量，然后才能通过数字显示电路把电压的值显示出来。另外现代通信中，若把模拟信号数字化，具有不易受干扰的优点。还可以实现分时多路通讯。

　　模拟量和数字量之间可以通过专门的装置进行相互转换。数字量转换为模拟量的装置，通常称为数/模（digital/analogue，D/A）转换器；将模拟量转换为数字量的装置，通常称为模/数（analogue/digital，A/D）转换器。

　　首先，为了确保处理结果的准确性，A/D 和 D/A 转换器必须具有足够的精度。其次，为了将数字系统用于快速过程的控制和检测，A/D 和 D/A 转换器还必须具有足够的转换速度。因此，转换精度和速度是衡量 A/D 和 D/A 转换器性能优劣的主要指标。转换器的种类很多，本节对转换器的基本方法和电路作简单介绍。

5.6.1　数/模（D/A）转换器

　　D/A 转换器的输入端接收数字信息，输出为正比于输入数据的电压或电流。基本的 D/A 转换器电路是把数字码中的二进制数值为 1 的各位都变成一定的电流，然后把这些电流直接求和，或者利用运算放大器来求和。图 5.34 给出了一个完整的 D/A 转换器系统的简化框图。数据寄存器保证控制开关用的各位数码同时送给 D/A 转换器，并在转换期间内保证数码不变。U_{REF} 是一个精度很高的基准电压。在寄存指令的作用下，寄存器各输入端同时接收数码，并由寄存器的输出加到 D/A 转换部分，利用运算放大器求和，最后输出一个正比于输入数据的电压 U_o，从而实现数模转换。

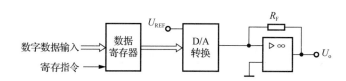

图 5.34　D/A 转换器简化框图

　　图 5.35 是 T 形电阻网络 D/A 转换器。当二进制代码为 1 时，开关 S 与基准电压 U_R 相接；代码为 0 时，开关 S 与地连接。

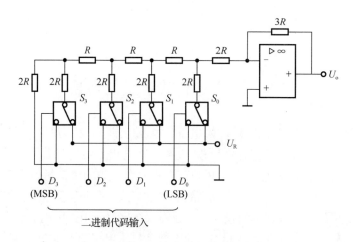

图 5.35　T 形 D/A 转换器

当二进制数最低位为 1（S_0 接 U_R），其他各位为 0（其他 S 均接地）时，它的等效电路如图 5.36（a）所示。从结点（0）向左和向右看过去的电阻均为 $2R$，若注意到运算放大器的虚地，则结点（0）的电位为 $\frac{1}{3}U_R$。

图 5.36（b）给出了 S_1 接 U_R，其他 S 均接地的等效电路。从结点（1）向左看过去的等效电阻仍为 $2R$，结点（1）的电位仍为 $\frac{1}{3}U_R$，经过分压传输到结点（0）的电位为 $\frac{1}{6}U_R$。同理，当 S_2 接 U_R，其他 S 都接地时，结点（2）的电位为 $\frac{1}{3}U_R$，传输到结点（0）的电位将成为 $\frac{1}{12}U_R$。如果有 n 位，在结点（n）的电位同样是 $\frac{1}{3}U_R$，传输到结点（0）的电位将为 $\frac{U_R}{3} \times 2^{-n}$。

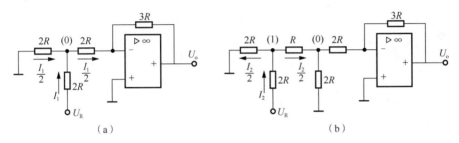

图 5.36　图 5.35 中不同代码时的等效电路

如图 5.35 所示，运算放大器闭环增益为 $\frac{3R}{2R} = \frac{3}{2}$，如果 $U_R = 10\text{V}$，二进制各代码相对输出电压如下：

S_0 接 U_R，其他 S 接地，输出电压为

$$U_{o0} = -\frac{3}{2}\frac{U_R}{3} = -\frac{3}{2}\frac{U_R}{3}2^0 = -\frac{U}{2^1} = -\frac{10}{2} = -5\text{V} \qquad (5.5)$$

S_1 接 U_R，其他 S 接地，输出电压为

$$U_{o1} = -\frac{3}{2}\frac{U_R}{6} = -\frac{3}{2}\frac{U_R}{3}2^{-1} = -\frac{U}{2^2} = -\frac{10}{4} = -2.5\text{V} \qquad (5.6)$$

S_2 接 U_R，其他 S 接地，输出电压为

$$U_{o2} = -\frac{3}{2}\frac{U_R}{12} = -\frac{3}{2}\frac{U_R}{3}2^{-2} = -\frac{U}{2^3} = -\frac{10}{8} = -1.25\text{V} \qquad (5.7)$$

S_3 接 U_R，其他 S 接地，输出电压为

$$U_{o3} = -\frac{3}{2}\frac{U_R}{24} = -\frac{3}{2}\frac{U_R}{3}2^{-3} = -\frac{U}{2^4} = -\frac{10}{16} = -0.625\text{V} \qquad (5.8)$$

同理，S_n 接 U_R，其他 S 接地，输出电压为

$$U_{on} = -\frac{3}{2}\frac{U_R}{24} = -\frac{3}{2}\frac{U_R}{3}2^{-n} = -\frac{U_R}{2^{n+1}} \qquad (5.9)$$

运用叠加原理，即可求出 n 位在不同代码控制下的输出电压为

$$U_o = U_{o0} + U_{o1} + U_{o2} + \cdots + U_{on} = -U_R(S_0 2^{-1} + S_1 2^{-2} + \cdots + S_n 2^{-(n+1)}) \qquad (5.10)$$

不同的数字代码（即不同的 S 为 1 或 0），输出电压 U_o 亦不同。

例如，由五位二进制数代码控制的 D/A 转换器，它的代码为 $D_0 D_1 D_2 D_3 D_4 = 10011$，$U_R = 10V$，运算放大器输出的模拟电压为

$$U_o = -10 \times (1 \times 2^{-1} + 0 + 0 + 1 \times 2^{-4} + 1 \times 2^{-5})$$
$$= -10 \times (0.5 + 0.0625 + 0.03125)$$
$$= -5.9375V$$

5.6.2 模/数（A/D）转换器

在 A/D 转换器中，因为输入的模拟信号在时间上是连续量，而输出的数字信号代码是离散量，所以进行转换时必须在一系列选定的瞬间（即时间坐标轴上的一些规定点上）对输入的模拟信号采样，如图 5.37 所示，再把这些采样值转换为输出的数字量。因为数字信号不仅在时间上是离散的，而且在数值上的变化也是不连续的。这就是说，任何一个数字量的大小，都是以某个最小数量单位的整数倍来表示的。因此，在用数字量表示采样电压时，也必须把它化成这个最小数量单位的整数倍，这个转化过程称为量化。所规定的最小数量单位称为量化单位，用 Δ 表示。显然，数字信号最低有效位中的"1"所表示的数量大小就等于 Δ。把量化的数值用二进制代码表示，称为编码。这个二进制代码就是 A/D 转换的输出信号。

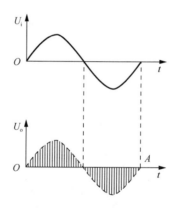

图 5.37 对输入模拟信号的采样

既然模拟电压是连续的，那么它就不一定能被 Δ 整除，因而不可避免地会引入误差，我们把这种误差称为量化误差。把模拟信号划分为不同的量化等级时，用不同的划分方法可以得到不同的量化误差。

假定需要把 0～1V 的模拟电压信号转换成三位二进制代码，这时可取量化单位 $\Delta = \dfrac{1}{8}V$，并规定凡数值在 $0 \sim \dfrac{1}{8}V$ 的模拟电压都当作 $0 \times \Delta$，用二进制代码 000 表示；凡数值在 $\dfrac{1}{8} \sim \dfrac{2}{8}V$ 的模拟电压都当作 $1 \times \Delta$，用二进制代码 001 表示等，如表 5.6 所示。

表 5.6　量化电平分配方法之一

模拟电压/V	二进制表示形式	代表的模拟电压/V
1		
7/8	} 111	$7\Delta=7/8$
6/8	} 110	$6\Delta=6/8$
5/8	} 101	$5\Delta=5/8$
4/8	} 100	$4\Delta=4/8$
3/8	} 011	$3\Delta=3/8$
2/8	} 010	$2\Delta=2/8$
1/8	} 001	$1\Delta=1/8$
0	} 000	$0\Delta=0$

不难看出，最大的量化误差可达 Δ，即 $\dfrac{1}{8}$V。为了减小最大量化误差，可以改用如表 5.7 所示的划分方法，取量化单位 $\Delta=\dfrac{2}{15}$V，并将 000 代码所对应的模拟电压规定为 $0\sim\dfrac{1}{15}$V，即 $0\sim\dfrac{1}{2}\Delta$。这时，最大量化误差将减小为 $\dfrac{\Delta}{2}=\dfrac{1}{15}$V。

表 5.7　量化电平分配方法之二

模拟电压/V	二进制表示形式	代表的模拟电压/V
1		
13/15	} 111	$7\Delta=14/15$
11/15	} 110	$6\Delta=12/15$
9/15	} 101	$5\Delta=10/15$
7/15	} 100	$4\Delta=8/15$
5/15	} 011	$3\Delta=6/15$
3/15	} 010	$2\Delta=4/15$
1/15	} 001	$1\Delta=2/15$
0	} 000	$0\Delta=0$

图 5.38 是并行式 A/D 转换器。它由电阻分压器、比较器、寄存器、译码器和基准电压 U_R 等组成。输入模拟电压 U_i 的取值在 $0\sim U_R$，经过译码器输出三位二进制数字信号。

各部分作用简述如下：

（1）电阻分压器：由八个电阻串联而成，通过它将基准电压 U_R 分压。量化电平的分配方法采用表 5.7 中的形式，量化单位为 $\dfrac{2}{15}U_R$，从而得到从 $\dfrac{1}{15}U_R$ 到 $\dfrac{13}{15}U_R$ 共七个比较电压。将这七个比较电压分别接到由运算放大器构成的七个电压比较器 $C_1\sim C_7$ 的一个输入端，输入模拟信号加到每一个电压比较器的另一个输入端。

（2）比较器：比较基准电压和输入电压 U_i 的大小。当输入电压 U_i 大于某量化部分的比较电压时，相应的比较器输出为 1；输入电压 U_i 小于比较电压时，输出为 0。

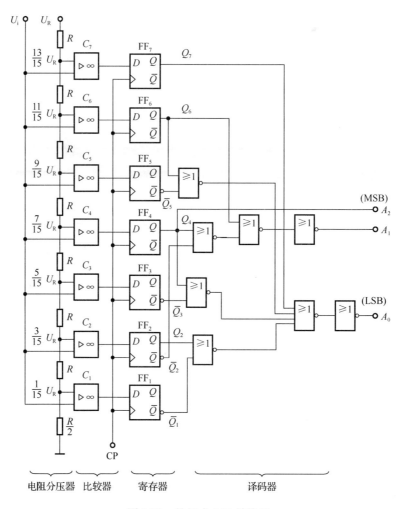

图 5.38　并行式 A/D 转换器

（3）寄存器：由七个 D 触发器构成，受 CP 脉冲的控制。将比较器输出的数字量存贮在寄存器中，以便供译码器译码。

当 $U_i < \dfrac{U_R}{15}$ 时，所有比较器的输出全是低电平，当 CP 脉冲到来后，寄存器中全部触发器输出为 0；当 $\dfrac{1}{15}U_R \leqslant U_i < \dfrac{3}{15}U_R$ 时，只有 C_1 输出为高电平，当 CP 脉冲到来后，FF_1 置 1，其余触发器仍为 0 状态；当 $\dfrac{3}{15}U_R \leqslant U_i < \dfrac{5}{15}U_R$ 时，只有 C_1、C_2 输出为高电平，当 CP 脉冲到来后，触发器 FF_1 和 FF_2 置 1，其余为 0 状态。依此类推，便可得到 U_i 为不同值时寄存器中各触发器的状态。寄存器的输出送到译码器。

（4）译码器：由八个或非门组成，其作用是将比较器输出的代表模拟电压的数字量，译成相应的三位二进制数。图 5.38 所示的并行式 A/D 转换器的转换对应关系如表 5.8 所示。

表 5.8　并行式 A/D 转换器转换对应关系表

输入模拟电压 U_i	寄存器输出							数字输出			表示的模拟电压
	Q_7	Q_6	Q_5	Q_4	Q_3	Q_2	Q_1	A_2	A_1	A_0	
$0 \leqslant U_i < \frac{1}{15}U_R$	0	0	0	0	0	0	0	0	0	0	0
$\frac{1}{15}U_R \leqslant U_i < \frac{3}{15}U_R$	0	0	0	0	0	0	1	0	0	1	$\frac{2}{15}U_R$
$\frac{3}{15}U_R \leqslant U_i < \frac{5}{15}U_R$	0	0	0	0	0	1	1	0	1	0	$\frac{4}{15}U_R$
$\frac{5}{15}U_R \leqslant U_i < \frac{7}{15}U_R$	0	0	0	0	1	1	1	0	1	1	$\frac{6}{15}U_R$
$\frac{7}{15}U_R \leqslant U_i < \frac{9}{15}U_R$	0	0	0	1	1	1	1	1	0	0	$\frac{8}{15}U_R$
$\frac{9}{15}U_R \leqslant U_i < \frac{11}{15}U_R$	0	0	1	1	1	1	1	1	0	1	$\frac{10}{15}U_R$
$\frac{11}{15}U_R \leqslant U_i < \frac{13}{15}U_R$	0	1	1	1	1	1	1	1	1	0	$\frac{12}{15}U_R$
$\frac{13}{15}U_R \leqslant U_i < U_R$	1	1	1	1	1	1	1	1	1	1	$\frac{14}{15}U_R$

译码器输出的逻辑函数为

$$A_0 = Q_1\overline{Q_2} + Q_3\overline{Q_4} + Q_5\overline{Q_6} + Q_7 \tag{5.11}$$

$$A_1 = Q_2\overline{Q_4} + Q_6 \tag{5.12}$$

$$A_2 = Q_4 \tag{5.13}$$

并行式 A/D 转换器的精度主要取决于量化电平的分配，分得越细，精度越高。

习　　题

5.1　判断题（正确的画 √，错误的画 ×）:

（1）D 触发器既有前沿（上升沿）触发翻转的，也有后沿（下降沿）触发翻转的。
（　　）

（2）异步时序电路的各级触发器时钟输入端的时钟脉冲源不唯一。　　（　　）

（3）异步计数器电路比同步计数器电路简单，所以同步计数器在实际应用中较少被使用。
（　　）

5.2　填空题:

（1）时序逻辑电路按触发器时钟端的连接方式分为（　　）和（　　）。

（2）设计一个能存放 6 位二进制代码的寄存器需要（　　）个触发器。

（3）十进制加法计数器现时的状态为 0011，经过 3 个时钟输入之后，其内容变为（　　）。

5.3　同步 RS 触发器、JK 触发器和 D 触发器，在不直接置位或复位时，$\overline{S}_D$ 和 $\overline{R}_D$ 端

应该处于什么状态？同步 RS 触发器、JK 触发器和 D 触发器，如果 $\overline{S}_D = \overline{R}_D = 1$，并且没有 CP 脉冲，触发器的状态能否改变？

5.4　已知下降沿触发的 JK 触发器和上升沿触发的 D 触发器的输入端波形图如图 5.39 所示，试分别画出它们的输出端 Q 的波形图。

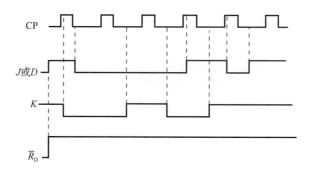

图 5.39　习题 5.4 图

5.5　试分别画出图 5.40（a）输出端 Q 的波形图和图 5.40（b）输出端 F_1 和 F_2 的波形图。图 5.40（c）是时钟脉冲的波形图，设触发器初态均为 0。

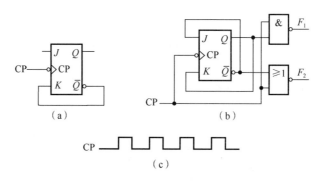

图 5.40　习题 5.5 图

5.6　逻辑电路如图 5.41 所示，各触发器的初始状态均为 0。列出电路的输出状态表，并说明电路的逻辑功能。

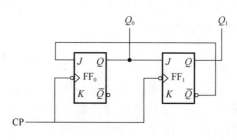

图 5.41　习题 5.6 图

5.7　将如图 5.42（a）所示的波形图加到图 5.42（b）的输入端，试画出 Q_0 和 Q_1 的波形。

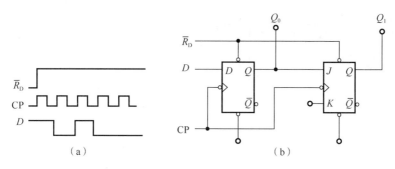

图 5.42　习题 5.7 图

5.8　如图 5.43 所示逻辑电路，各触发器的初始状态均为 0，试画出输出端 Q_0 和 Q_1 的波形图。

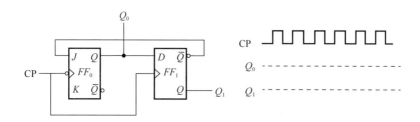

图 5.43　习题 5.8 图

5.9　如图 5.44 所示逻辑电路，触发器的初始状态均为 0。（1）写出输入状态方程；（2）画出输出端 Q_0、Q_1、Q_2 的波形图。

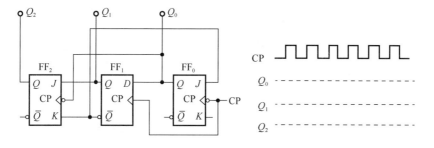

图 5.44　习题 5.9 图

5.10　时序逻辑电路如图 5.45 所示，设触发器初态均为 0。列出输出状态表，并确定该电路的逻辑功能；试画出 Q_0、Q_1、Q_2 的波形图。

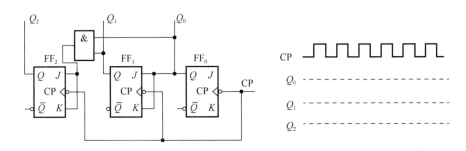

图 5.45   习题 5.10 图

5.11   如图 5.46 所示逻辑电路，各触发器的初始状态均为 0，试分析电路的逻辑功能。

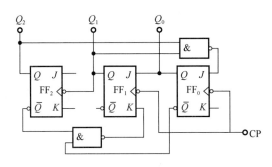

图 5.46   习题 5.11 图

5.12   如图 5.47 所示逻辑电路图的初始状态为 0000，试分析电路的功能。

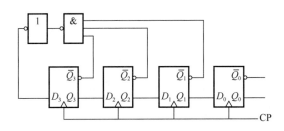

图 5.47   习题 5.12 图

5.13   试用主从型 JK 触发器设计一个自动停止的异步计数器。要求计数器在第八个脉冲停止计数。

5.14   试用主从型 JK 触发器设计一个三位异步二进制减法计数器。计数器的起始状态为 111。

5.15   试用 D 触发器组成一个四位异步二进制减法计数器，并列出计数状态表。

5.16   设计一个自动包装机。要求：一包装箱内装 12 个瓶子，在传送带上检测并给出时钟脉冲。即实现一个每 12 个瓶子给出一个标志的异步计数器。

5.17   试判断图 5.48 所示各电路的功能。

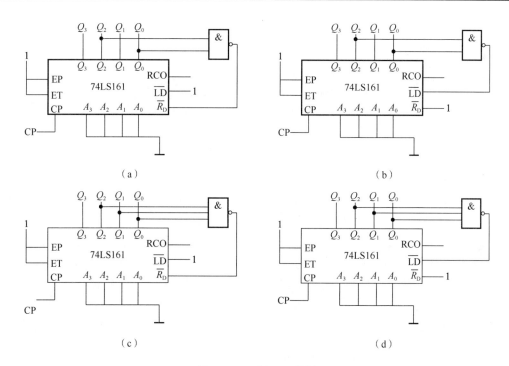

图 5.48　习题 5.17 的图

5.18　试用 74LS161 同步二进制计数器接成九进制计数器：（1）用清零法；（2）用置数法。

5.19　试用两片 74LS161 计数器接成三十六进制计数器。

5.20　用 555 定时器组成的多谐振荡器，已知电阻 $R_1 = 100\text{k}\Omega$，$R_2 = 10\text{k}\Omega$，电容 $C = 10\mu\text{F}$，试计算其输出波形的周期。

5.21　如图 5.49 所示电路，$R = 1\text{k}\Omega$，$U_R = 10\text{V}$，若输入代码为 $D_0 D_1 D_2 D_3 = 1000$ 时，输出电压 U_o 为多少？

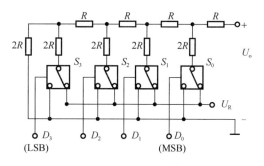

图 5.49　习题 5.20 图

5.22　在 T 形电阻网络 D/A 转换器电路中，设四位二进制输入代码 $D_0 D_1 D_2 D_3 = 1010$，$U_R = 10\text{V}$。求输出端模拟电压 U_o 的值。

5.23　在并行式 A/D 转换器中，若 $U_R = 8\text{V}$，当 $U_i = 3.6\text{V}$ 时，输出二进制数是多少？

第6章 CPLD/FPGA 基础

6.1 可编程逻辑器件简介

可编程逻辑器件（programmable logic device，PLD）属于数字集成电路半成品，用户利用软件和硬件开发工具对器件进行设计和编程，通过配置、更改器件内部逻辑单元和连接结构，从而实现所需要的逻辑功能，以满足数字系统设计的需要。PLD 根据集成度和结构复杂度不同，大致分为三类：简单可编程逻辑器件（simply programmable logic device，SPLD）、复杂可编程逻辑器件（complex programmable logic device，CPLD）和现场可编程逻辑器件（field programmable gate array，FPGA）。本章主要介绍 CPLD 和 FPGA 的原理及结构。

6.1.1 CPLD 和 FPGA 的特点

CPLD/FPGA 具有布线资源丰富、可重复编程和集成度高、成本较低的特点，在数字电路设计领域得到了广泛的应用。CPLD/FPGA 设计属硬件设计范畴，它的硬件是可编程的，是一个通过硬件描述语言在 CPLD/FPGA 芯片上自定义集成电路的过程。而 CPLD/FPGA 由于是逻辑单元，很容易做到并行执行，可以使用 CPLD/FPGA 的不同部分来设计完成每个任务，同时执行许多计算。

CPLD/FPGA 之所以受欢迎，是因为它比 CPU 具有更高的吞吐率、执行速度和能效。CPU 主要用于各种笔记本电脑和台式机，能快速适应各种算法、数据模型和性能需求的变化。使用 CPLD/FPGA 时，实际上是在自定义一个硬件的电路，这与编写软件不同，后者是在预先设计好的电路如计算机的 CPU 上运行程序，而 CPLD/FPGA 的设计是通过硬件级别工作，所以能达到软件无法实现的速度和能效。

CPLD/FPGA 是用来设计电路的芯片。由于是硬件电路，其运行速度直接取决于晶振速度。CPLD/FPGA 系统稳定，特别适合高速接口电路。

CPLD/FPGA 的设计流程包括算法设计、代码仿真以及板级调试，设计者根据实际需求建立算法架构，利用电子设计自动化（electronic design automation，EDA）工具建立设计方案或硬件描述语言（hardware description language，HDL）编写设计代码，通过代码仿真保证设计方案符合实际要求，最后进行板级调试，利用配置电路将相关文件下载至 CPLD/FPGA 芯片中，验证实际运行效果。

6.1.2 CPLD 和 FPGA 的区别

尽管 CPLD 和 FPGA 都是可编程的专用集成电路（application specific integrated

circuit，ASIC）器件，有很多共同特征，但由于 CPLD 和 FPGA 结构上的差异，又具有各自的特点。

CPLD：基于乘积项技术，由可编程的与门、或门阵列以及宏单元构成。与门、或门阵列可以重新编程，实现多种逻辑功能。宏单元则可以实现组合、时序逻辑功能模块。

FPGA：基于查找表技术，将逻辑功能块排列为阵列，并由可编程的内部连线连接这些功能块。

CPLD 的一个基本单元（宏单元）就可以分解为十几个甚至更多的组合逻辑输入，而 FPGA 的一个 4 输入查找表（look up table，LUT）一般处理 4 输入的组合逻辑，由此看来，CPLD 适合用于设计译码器等复杂的组合逻辑电路。

FPGA 中包含成千上万的基本单元和触发器，而 CPLD 一般只能做到 512 个逻辑单元。因此，在设计中使用到大量触发器，如设计一个复杂的时序逻辑电路，那么就应该使用 FPGA。

6.2　CPLD 原理及结构

CPLD 芯片包括可编程输入/输出（input/output，I/O）单元、宏单元、扩展乘积项、逻辑阵列块（logic array block，LAB）和可编程连线阵列（programmable interconnect array，PIA）等。

1. 可编程 I/O 单元

I/O 控制块允许每个 I/O 引脚单独地配置成输入/输出和双向工作方式。所有 I/O 引脚都有一个三态缓冲器，由一个全局输出使能信号控制，或者把使能端直接连接到地（GND）或电源（U_{CC}）上。当三态缓冲器的控制端接地（GND）时，其输出为高阻态，而且 I/O 引脚可作为专用输入引脚。当三态缓冲器的控制端接电源（U_{CC}）时，输出使能有效。

2. 宏单元

所谓宏单元，本质是由一些逻辑阵列、乘积项选择矩阵和可编程寄存器组成，各部分可以被独自配置为时序逻辑和组合逻辑工作方式。其中逻辑阵列实现组合逻辑，乘积项选择矩阵分配这些乘积项作为到"或门"和"异或门"的主要逻辑输入，以实现组合逻辑函数。或者把这些乘积项作为宏单元中寄存器的辅助输入，如清零、置位、时钟和时钟使能控制，如图 6.1 所示。

图 6.1 中，左侧是乘积项阵列，实际就是一个与或阵列，每一个交叉点都是可编程的，如果导通就实现"与"逻辑，与后面的乘积项分配器一起完成组合逻辑。右侧是一个可编程的触发器，可配置为 D 触发器或 T 触发器，它的时钟、清零输入都可以编程选择，可使用专用的全局复位和全局时钟，也可以使用内部逻辑（乘积项阵列）产生的时钟和清零。如果不需要触发器，也可以将此触发器旁路，信号直接输出给互连矩阵或输出到 I/O 脚。

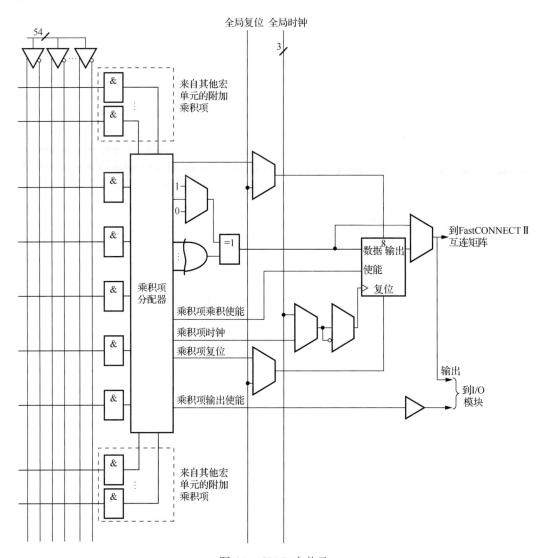

图 6.1 CPLD 宏单元

当然，CPLD 中也有一些辅助功能模块，如联合综合测试（joint test action group，JTAG）编程模块，一些全局时钟、全局使能、全局复位/置位单元等。

3. 扩展乘积项

宏单元通常包括额外的与门逻辑，这些逻辑直接反馈回阵列。这一额外的逻辑可用于形成额外的乘积项，名为扩展项。扩展逻辑产生的额外乘积项可用于当前的宏单元中，以扩展逻辑功能。其他宏单元还可以共享使用扩展项。

尽管大多数逻辑函数能够用每个宏单元中的乘积项实现，但在某些复杂的逻辑函数中需要附加乘积项。为提供所需的逻辑资源，共享和并联扩展乘积项可作为附加的乘积项直接送到本逻辑阵列块的任意宏单元中。利用扩展项可保证在实现逻辑综合时，用尽可能少的逻辑资源实现尽可能快的工作速度。简单来说，共享扩展项是反馈到逻辑阵列的反向乘积项，而并联扩展项则是借自临近的宏单元中的乘积项。这样，对于需要乘积项的宏单元而言，只建立一次乘积项即可，而不必每次都建立。

1）共享扩展项

共享扩展项就是由每个宏单元提供一个未投入使用的乘积项，并将它们反相后反馈到逻辑阵列，便于集中使用。每个共享扩展项可被 LAB 内任何（或全部）宏单元使用和共享，以实现复杂的逻辑函数。共享扩展项如图 6.2 所示。

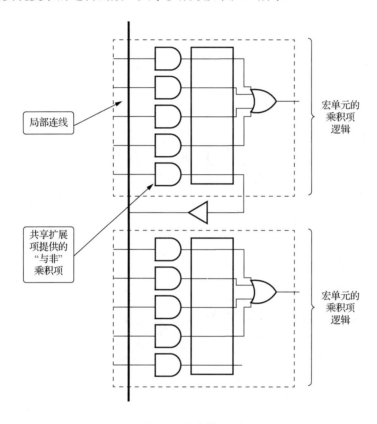

图 6.2　共享扩展项

2）并联扩展项

并联扩展项是一些宏单元中没有使用的乘积项，并且这些乘积项可分配到邻近的宏单元去实现快速复杂的逻辑函数。并联扩展项结构如图 6.3 所示。

4. 逻辑阵列块（LAB）

CPLD 大多采用分区阵列结构，即将整个器件分成若干个逻辑阵列块。根据器件类型的不同，CPLD 中包含若干个相同的 LAB，可以容纳大量等效的宏单元。多个 LAB 通过可编程连线阵列和全局总线连接在一起。

5. 可编程连线阵列（PIA）

PIA 的作用是在各逻辑宏单元之间以及逻辑宏单元和 I/O 单元之间提供互连网络，

通过在可编程连线阵列上布线，把各个逻辑块相互连接而构成所需的逻辑，可把器件中任一信号源连接到其目的端。所有器件的专用输入、I/O 和宏单元输出均反馈送到 PIA，PIA 再将这些信号送到这些器件内的各个地方。图 6.4 是 PIA 信号布线到 LAB 的方式。带电可擦可编程只读存储器（electrically erasable programmable read only memory，EEPROM）编程单元控制 2 输入与门的一个输入端，通过对 EEPROM 编程单元的编程来选通驱动 LAB 的 PIA 信号，PIA 信号有固定延时。因此，PIA 消除了信号之间的延迟偏移，使得时间性能更容易预测。

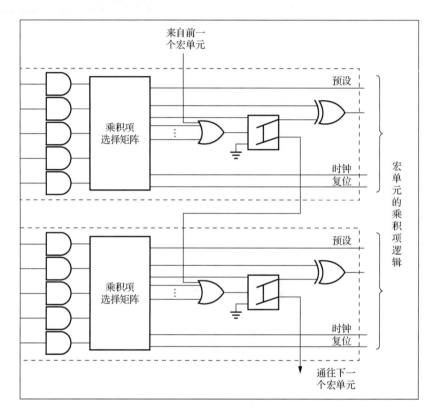

图 6.3　并联扩展项

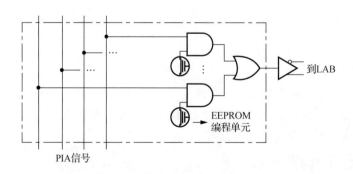

图 6.4　PIA 与 LAB 的连接方式

6.3　FPGA 原理及结构

FPGA 利用小型查找表来实现组合逻辑,每个查找表连接到一个 D 触发器的输入端,触发器再来驱动其他逻辑电路或驱动 I/O,由此构成了既可实现组合逻辑功能, 又可实现时序逻辑功能的基本逻辑单元模块,这些模块间利用金属连线互相连接或连接到 I/O 模块。FPGA 的逻辑是通过向内部静态存储单元加载编程数据来实现的,存储在存储器单元中的值决定了逻辑单元的逻辑功能以及各模块之间或模块与 I/O 间的连接方式,并最终决定了 FPGA 所能实现的功能。FPGA 允许无限次的编程。

FPGA 由 6 部分组成,分别为逻辑单元、可编程输入/输出单元、嵌入式随机存取存储器(random access memory,RAM)、丰富的布线资源、底层嵌入功能单元和内嵌专用硬核。

1. 逻辑单元

FPGA 的基本可编程逻辑单元是由查找表和寄存器组成的,查找表完成纯组合逻辑功能。FPGA 内部寄存器可配置为带同步/异步复位和置位、时钟使能的触发器,也可以配置成为锁存器。FPGA 一般依赖寄存器完成同步时序逻辑设计。比较经典的基本可编程单元的配置是一个寄存器加一个查找表,但不同厂商的寄存器和查找表的内部结构有一定的差异,而且寄存器和查找表的组合模式也不同。逻辑单元(logic element,LE)结构图如图 6.5 所示。

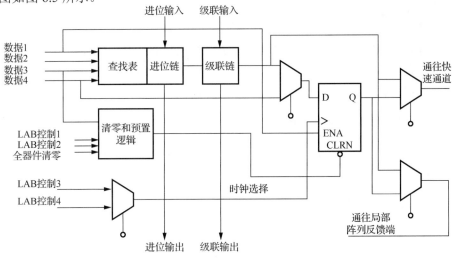

图 6.5　LE 结构图

1)查找表

查找表本质上就是一个 RAM(掉电不保存数据)。目前使用最多的是 4 输入查找表,用户通过原理图或硬件描述语言描述了一个逻辑电路以后,FPGA 开发软件会自动计算逻辑电路所有可能的结果，并把结果事先写入 RAM。这样，每输入一个信号进行逻辑运算就等于输入一个地址进行查表，找出地址对应的内容，然后输出即可。其内部结构如图 6.6 所示。

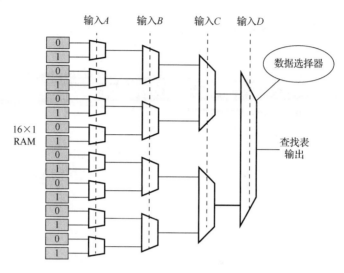

图 6.6　查找表内部结构

2）寄存器

如果说前面的查找表实现了组合逻辑，那么寄存器则实现了时序逻辑。时钟通常由全局时钟驱动，通过其他 I/O 或逻辑实现异步控制，寄存器输出通过 LE 后驱动至器件布线通道，还可以反馈回查找表。

3）进位链和级联链

进位链有进位输入和输出，连通了 LAB 中所有的 LE。很显然，一个 LAB 的组成有限，所能完成的功能自然也有限，因此，就有了布线池通过行互联、列互联、分段互联等方式来把所有的 LAB 连接起来，以实现更加强大的功能。

2. 可编程输入/输出单元（I/O 单元）

输入/输出单元是芯片与外界电路的接口部分，用于电气特征下对输入/输出信号的驱动与匹配需求。为了使 FPGA 有更灵活的应用，大多数 FPGA 的 I/O 单元被设计成可编程模式，即通过软件的灵活配置，可以适配不同的电气标准与 I/O 物理特征（可以调配阻抗特征，上下拉电阻；可以调整驱动电流的大小等）。随着 ASIC 工艺的飞速发展，可编程 I/O 单元支持的最高频率越来越快，一些高端的 FPGA 通过双倍速率（double data rate，DDR）同步动态随机存储器技术，甚至可以支持高达 2Gbit/s 的数据速率。

3. 嵌入式块 RAM

大多数的 FPGA 都有内嵌的块 RAM，可编程的 RAM 模块大大地拓展了 FPGA 的应用范围和使用灵活性。FPGA 内嵌的块 RAM 一般可以配置为单端口 RAM、双端口

RAM、伪双端口 RAM、内容可寻址存储器（content-addressable memory，CAM）、先入先出队列（first input first output，FIFO）等常用存储结构。

4．丰富的布线资源

布线资源连通 FPGA 内部的所有单元，连线的长度和工艺决定着信号在连线上的驱动能力和传输速度，根据工艺、长度、宽度和分布位置的不同而划分为四种不同的类别如下。

第一类：全局布线资源，用于芯片内部全局时钟和全局复位/置位的布线。

第二类：长线资源，用于完成芯片内组（bank）间的高速信号和第二全局时钟信号的布线。

第三类：短线资源，用于完成基本逻辑单元之间的逻辑互连和布线。

第四类：分布式的布线资源，用于专有时钟、复位等控制信号线。

实际中设计者不用直接选择布线资源，布局布线器可以自动地根据输入逻辑网表的拓扑结构和约束条件选择布线资源来连通各个模块单元。

5．底层嵌入功能单元

底层嵌入功能单元的概念比较笼统，这里指的是通用程度较高的嵌入式功能模块，比如锁相环（phase locked loop，PLL）、延迟锁相环（delay-locked loop，DLL）、数字信号处理（digital signal processing，DSP）、中央处理器（central processing unit，CPU）等。随着 FPGA 的发展，越来越多的模块被嵌入 FPGA 的内部，以满足不同场合的需求。FPGA 内部集成的 DLL 和 PLL 硬件电路用于完成时钟的高精度、低抖动的倍频、分频、占空比调整、相移等功能。DSP 和 CPU 软处理核将 FPGA 由传统的硬件设计手段逐步过渡到系统设计平台。

6．内嵌专用硬核

这里的内嵌专用硬核与前面的底层嵌入单元是有区分的，这里讲的内嵌专用硬核主要指的是那些通用性相对较弱，不是所有 FPGA 器件都包含的硬核。

对于用户而言，尽管 CPLD 和 FPGA 在硬件结构上有一定差异，但是在设计时的流程是相似的。CPLD/FPGA 的设计开发采用功能强大的 EDA 工具，通过符合国际标准的硬件描述语言（如 VHDL 或 Verilog HDL）来进行电子系统设计和产品开发，有很好的兼容性和可移植性。同时它们的编程方式灵活，可轻易地实现红外线编程、超声编程或无线编程，或通过电话线远程编程，编程方式简便、先进。

例 6.1　用 3 片 74LS160 和触发器以及门电路，在输入时钟信号是频率为 1000Hz 的方波时，得到输出信号频率为 0.5Hz 的方波。

解： 分频器可以将高频波形信号转为低频波形信号，原理是当输入信号输入一定的周期时，反转输出信号。分频系数的计算公式为输入频率/输出频率。由题意，需要设计 2000 分频器。为了计算反转输出信号的时刻，需要引入计数器进行计数。74LS160 是计数范围在 0～9 内的同步十进制计数器，将 3 个计数器级联，即可得到计数周期为

10×10×10=1000 的同步计数器。每轮计数时，当计数状态至 999 时，下一刻就将输出信号翻转，即可通过输出信号得到 2000 分频信号。此外，题目中设计了"Q100"与"Q1000"两个占空比非 50%的中间分频信号。Q1000 的高电平为 FOUT（输出）高电平的 10%，Q100 的高电平为 Q1000 的 10%。在前两个级联的 74LS160 计数器中，两个计数器的进位输出就是 Q100 状态的值，即当十位、个位均将发生进位时，输出 Q100 高电平。Q1000 状态则是第三级 74LS160 计数器的进位输出，即当百位将发生进位时，输出 Q1000 高电平。

VHDL 程序如下。

（1）主程序：homework2.vhd。

```
library IEEE;
use IEEE.STD_LOGIC_1164.all;
use IEEE.STD_LOGIC_UNSIGNED.all;

entity homework2 is
    port (CLR,CLOCK:in std_logic;
          Q100:buffer std_logic;
          Q1000:buffer std_logic;
          FOUT:buffer std_logic);
end homework2;

architecture one of homework2 is
    component adder74160 is
        port(CLK,CLR,LDn,ENP,ENT: in std_logic;
            D:in std_logic_vector(3 downto 0);
            Q:buffer std_logic_vector(3 downto 0);
            RCO:out std_logic);
        end component adder74160;

    signal Q0,Q1,Q2,D:std_logic_vector(3 downto 0);
    signal RCOa,RCOb,RCOc:std_logic;

    begin
        bench0:adder74160 port map(CLOCK,CLR,'1','1','1',D,Q0,RCOa);
        bench1:adder74160 port map(not RCOa,CLR,'1','1','1',D,Q1,RCOb);
        Q100 <= RCOa and RCOb;
        bench2: adder74160 port map(Q100,CLR,'1','1','1',D,Q2,RCOc);
        Q1000 <= RCOc;
        FOUT <= not FOUT when (Q1000'EVENT and Q1000='1')
    else FOUT;
    end one;
```

（2）74LS160 程序：adder74160。

```
library ieee;
```

```vhdl
use ieee.std_logic_1164.all;
use ieee.std_logic_unsigned.all;

entity adder74160 is
    port(CLK,CLR,LDn,ENP,ENT: in std_logic;
         D:in std_logic_vector(3 downto 0);
         Q:out std_logic_vector(3 downto 0);
         RCO:out std_logic);
end adder74160;

architecture one of adder74160 is
    signal QOUT: std_logic_vector(3 downto 0);
    begin
        Q <= QOUT;
        process (CLK,CLR)
        begin
        if CLR='0' then QOUT <= "0000";
        elsif (CLK'EVENT and CLK='1') then
            if (LDn='0') then QOUT <= D;
            elsif (ENT and ENP) = '1' then
                if (QOUT < "1001") then QOUT <=QOUT + '1';
                else QOUT <= "0000";
                end if;
            end if;
        end if;
    end process;
    RCO <= '1' when (QOUT=9) and (ENT='1') else '0';
end one;
```

（3）仿真波形图的截图如图 6.7 所示。

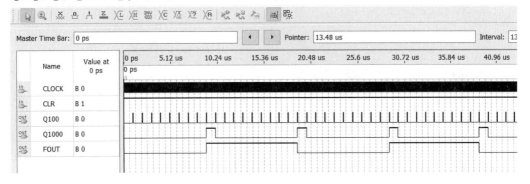

图 6.7　计数器仿真波形图

总而言之，CPLD 和 FPGA 作为两种复杂 PLD，均为用户根据自己需要进行逻辑功能构造的数字集成电路。其中，CPLD 以乘积项和宏单元结构方式进行逻辑功能构造，拥有丰富的组合逻辑资源，适合于各种算法和组合逻辑；采用连续式布线结构，从而延迟可预测；通过修改具有固定内连电路的逻辑功能来编程。FPGA 则以查找表和触发器的结构方式构成逻辑行为，更适合于触发器丰富的结构；采用分段式布线结构，从而延迟不可预测；主要通过改变内部连线的布线来编程。

习　　题

6.1　简述 CPLD 和 FPGA 的区别。

6.2　试回答在 FPGA 内部的查找表的主要功能。

6.3　选择一首乐曲，用 VHDL 或 Verilog-HDL 完成乐曲编程和编译。

第 7 章   整流电路和直流稳压电源

在工农业生产和实际生活中，一些工业过程或设备使用直流电源供电，例如，蓄电池充电、电解和电镀工艺、直流电动机等，另外，电子电路及设备一般也都使用稳定的直流电源供电，所以需要有将交流电转换成直流电的直流稳压电源。

目前广泛使用的直流稳压电源按其内部结构可以分为两类，一类是开关稳压电源，它具有体积小、重量轻、效率高、技术成熟等特点，目前已在实际中广泛应用，例如，电脑的电源、手机充电器等。另一类是传统的线性直流稳压电源，由变压器、半导体整流电路、滤波电路和稳压电路组成，本章主要介绍这种直流稳压电源，包括整流电路、滤波电路和稳压电路的结构及工作原理。

7.1   整 流 电 路

整流电路是利用整流二极管的单向导电性将输入的交流电压变成单向脉动的输出电压。在分析整流电路时，为了突出重点，简化分析过程，通常假定纯电阻负载，且二极管为理想二极管，即导通时正向压降为零，截止时反向电流为零。

7.1.1   单相半波整流电路

单相半波整流电路如图 7.1 所示。图中，T_r 为电源变压器，它把交流电源电压 u_1 变成整流电路所需的交流电压 u_2，u_2 就是整流电路的输入电压。D 为整流二极管，R_L 为负载电阻。

单相半波
整流电路

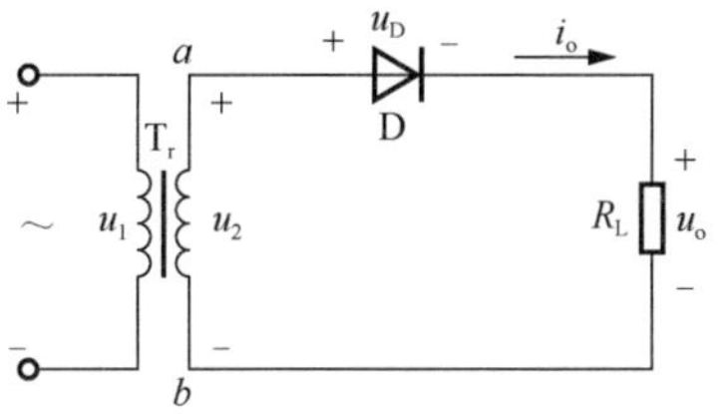

图 7.1   单相半波整流电路

设整流电路输入电压 $u_2 = \sqrt{2}U_2 \sin \omega t$，单相半波整流电路的工作原理如图 7.2 所示。

u_2 正半周时，其实际极性为 a 点正、b 点负，如图 7.2（a）所示，二极管 D 承受正向电压而导通。电流 i_o 从 a 点流出，经过二极管 D 和负载电阻 R_L 流向 b 点。此时二极管 D 的电压 $u_D = 0$，而负载电阻 R_L 两端的电压即整流电路的输出电压 u_o 等于整流电路

的输入电压 u_2。

u_2 负半周时，其实际极性为 b 点正、a 点负，如图 7.2（b）所示，二极管 D 承受反向电压而截止。此时电流 i_o 为 0，整流电路的输出电压 u_o 也为 0。二极管 D 的电压 $u_D = u_2$，但二极管实际承受的电压方向与设定的正方向相反。

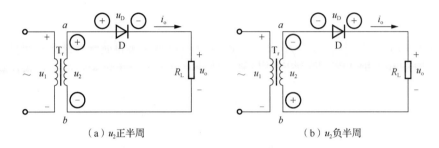

（a）u_2正半周　　　　　　　　　　　（b）u_2负半周

图 7.2　单相半波整流电路的工作原理分析

整流电路输入电压 u_2、输出电压 u_o、输出电流 i_o 及二极管 D 两端电压 u_D 的波形如图 7.3 所示。负载上得到的整流电压 u_o 和电流 i_o 是一种单向脉动电，通常用一个周期的平均值表示其大小。

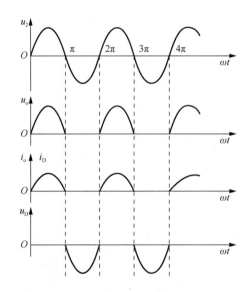

图 7.3　单相半波整流电路电压和电流波形

（1）整流电路输出电压的平均值 U_o 为

$$U_o = \frac{1}{2\pi} \int_0^\pi \sqrt{2} U_2 \sin \omega t \, \mathrm{d}(\omega t) = \frac{\sqrt{2} U_2}{\pi} = 0.45 U_2 \tag{7.1}$$

（2）整流电路输出电流的平均值 I_o 为

$$I_o = \frac{U_o}{R_L} = 0.45 \frac{U_2}{R_L} \tag{7.2}$$

（3）流过二极管的电流平均值 I_D 为

$$I_D = I_o = \frac{U_o}{R_L} = 0.45 \frac{U_2}{R_L} \tag{7.3}$$

（4）二极管承受的最大反向电压 U_{DRM} 为

$$U_{DRM} = \sqrt{2} U_2 \tag{7.4}$$

根据 I_D 和 U_{DRM} 就可以选择合适的整流元件。一般情况下，允许电网电压有 ±10% 的波动，因此，在选用二极管时，对于最大整流电流 I_{OM} 和最大反向工作电压 U_{RM} 应至少留有 10% 的余量，为了使用安全，二极管的最大反向工作电压可选得比 U_{DRM} 大一倍左右。

7.1.2　单相全波整流电路

图 7.4（a）是一种单相全波整流电路，图中电源变压器 T_r 的两个二次电压 u_2 完全相同。

u_2 正半周时，其实际极性为上正、下负，如图 7.4（b）所示，二极管 D_1 承受正向电压导通，二极管 D_2 承受反向电压截止，电流 i_o 从 a 点经过 D_1 和负载电阻 R_L 流向 b 点。负载电阻 R_L 两端的电压 $u_o = u_{ab} = u_2$，实际极性为上正、下负。二极管 D_2 的电压为 $u_{D2} = u_{ca} = -2u_2$。

u_2 负半周时，其实际极性为上负、下正，如图 7.4（c）所示，二极管 D_1 承受反向电压截止，二极管 D_2 承受正向电压导通，电流 i_o 从 c 点经过 D_2 和负载电阻 R_L 流向 b 点。负载电阻 R_L 两端的电压 $u_o = u_{cb} = -u_2$，实际极性仍然为上正、下负。二极管 D_1 的电压为 $u_{D1} = u_{ac} = 2u_2$。

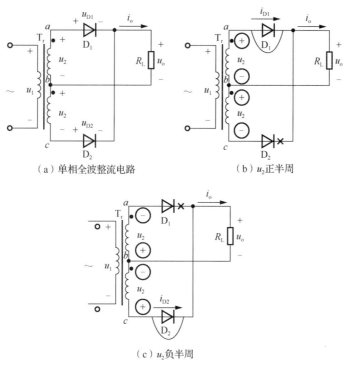

（a）单相全波整流电路　　　　　　　　　（b）u_2 正半周

（c）u_2 负半周

图 7.4　单相全波整流电路及其工作原理分析

　　整流以后的输出电压、输出电流、流过二极管的电流及二极管承受的电压波形如图 7.5 所示。

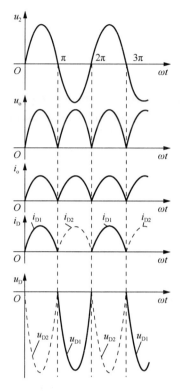

图 7.5　单相全波整流电路电压和电流波形

（1）整流电路输出电压的平均值 U_o 为

$$U_o = \frac{1}{\pi} \int_0^\pi \sqrt{2} U_2 \sin \omega t \mathrm{d}(\omega t) = \frac{2\sqrt{2} U_2}{\pi} = 0.9 U_2 \qquad (7.5)$$

（2）整流电路输出电流的平均值 I_o 为

$$I_o = \frac{U_o}{R_L} = 0.9 \frac{U_2}{R_L} \qquad (7.6)$$

（3）流过二极管的电流平均值 I_D 为

$$I_D = \frac{I_o}{2} = 0.45 \frac{U_2}{R_L} \qquad (7.7)$$

（4）二极管承受的最大反向电压 U_{DRM} 为

$$U_{DRM} = 2\sqrt{2} U_2 \qquad (7.8)$$

7.1.3　单相桥式整流电路

　　单相桥式整流电路是最常用的一种全波整流电路，由四个二极管接成电桥的形式构成，图 7.6 是三种不同画法的单相桥式整流电路。设各二极管电压、电流是关联参考方向，且电压的参考方向为阳极正、阴极负。

单相桥式
整流电路

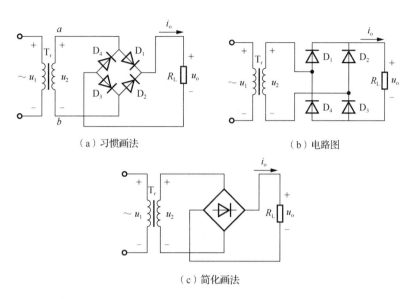

（a）习惯画法　　　（b）电路图

（c）简化画法

图 7.6　单相桥式整流电路

u_2 正半周时，其实际极性为上正、下负，如图 7.7（a）所示，即 a 点电位高于 b 点电位，二极管 D_1 和 D_3 承受正向电压导通，D_2 和 D_4 承受反向电压截止，电流的流通路径为 $a \rightarrow D_1 \rightarrow R_L \rightarrow D_3 \rightarrow b$。$D_1$、$D_3$ 中电流 i_{D1}、i_{D3} 等于 i_o；D_2、D_4 中电流 i_{D2}、i_{D4} 为零。这时，负载电阻 R_L 两端的电压 $u_o = u_{ab} = u_2$，实际极性为上正、下负。D_2、D_4 承受的电压 u_{D2}、u_{D4} 等于 u_{ba}，即 $-u_2$。

u_2 负半周时，其实际极性为下正、上负，如图 7.7（b）所示，即 b 点电位高于 a 点电位，所以 D_2 和 D_4 承受正向电压导通，D_1 和 D_3 承受反向电压截止，电流的流通路径为 $b \rightarrow D_2 \rightarrow R_L \rightarrow D_4 \rightarrow a$。$D_2$、$D_4$ 中电流 i_{D2}、i_{D4} 等于 i_o；D_1、D_3 中电流 i_{D1}、i_{D3} 为零。这时，负载电阻 R_L 上的输出电压 $u_o = u_{ba} = -u_2$，实际极性仍然为上正、下负。D_1、D_3 承受的电压 u_{D1}、u_{D3} 等于 u_{ab}，即 u_2。

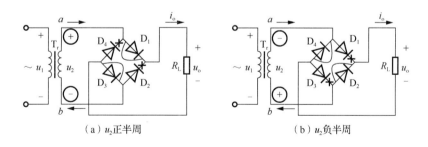

（a）u_2 正半周　　　（b）u_2 负半周

图 7.7　单相桥式整流电路工作原理分析

整流以后的输出电压、输出电流、流过二极管的电流及二极管承受的电压波形如图 7.8 所示。

对比图 7.8 与图 7.5，可知：单相桥式整流电路的输出电压 U_o、输出电流 I_o 及二极

管电流 I_D 与单相全波整流电路的波形完全相同，而二极管承受的最大反向电压为 $U_{DRM} = \sqrt{2}U_2$。

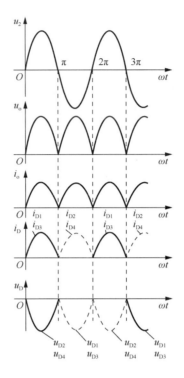

图 7.8　单相桥式整流电路电压和电流波形

实际应用中经常使用二极管整流桥，整流桥就是把四个二极管连接成桥式结构后做成一个器件，也可以看成是一种简单的集成电路，有两个交流输入引脚和两个直流输出引脚，电流和电压有多种规格，一般来说电流越大，体积越大，使用起来比较方便。

例 7.1　一个单相桥式整流电路的负载电阻 $R_L = 80\Omega$，输出电压平均值 $U_o = 110V$。试选择整流二极管。

解：

$$I_o = \frac{U_o}{R_L} = \frac{110}{80} = 1.4A$$

$$U_2 = \frac{U_o}{0.9} = \frac{110}{0.9} = 122V$$

$$I_D = \frac{I_o}{2} = \frac{1.4}{2} = 0.7A$$

$$U_{DRM} = \sqrt{2}U_2 = 122\sqrt{2} = 172.5V$$

可选择二极管 2CZ55E，其最大整流电流为 1A，最大反向工作电压为 300V。

7.1.4　倍压整流电路

在需用高电压、小电流的地方，经常使用倍压整流电路。倍压整流可以把较低的交流电压用整流二极管和电容器变成较高的直流电压。

图 7.9（a）是二倍压整流电路，电路由变压器 T_r、两个整流二极管 D_1、D_2 及两个电容器 C_1、C_2 组成。u_2 正半周时，D_1 导通，D_2 截止，电流经过 D_1 对 C_1 充电，u_{C1} 被充电到接近 u_2 的峰值 $\sqrt{2}U_2$，并基本保持不变；u_2 负半周时，D_2 导通，D_1 截止，电流经 D_2 对电容 C_2 充电，此时，$u_{C2} = -u_2 + u_{C1}$，则 u_{C2} 最大值可达 $2\sqrt{2}U_2$。因此，负载电阻 R_L 两端电压即输出电压 u_o（等于 C_2 上的电压）就是 $2\sqrt{2}U_2$，而二极管 D_1 和 D_2 所承受的最大反向电压均为 $2\sqrt{2}U_2$。由上述分析可见，由于电容对电荷的存储作用，使得输出电压是输入电压 u_2 峰值的二倍，称为二倍压整流电路。

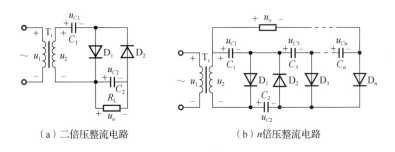

（a）二倍压整流电路　　　　　　　　　（b）n 倍压整流电路

图 7.9　倍压整流电路

利用同样原理，将二倍压整流电路增加多个二极管和相同数量的电容器就可以组成多倍压整流电路。如图 7.9（b）所示，在空载情况下，根据上述分析方法可得，C_1 上的电压为 $\sqrt{2}U_2$，$C_2 \sim C_n$ 上的电压均为 $2\sqrt{2}U_2$。因此，若以 C_1 两端作为输出端，输出电压为 $\sqrt{2}U_2$；若以 C_2 两端作为输出端，输出电压为 $2\sqrt{2}U_2$；若以 C_1 和 C_3 上电压相加作为输出端，输出电压为 $3\sqrt{2}U_2$……。依此类推，从不同位置输出，可以获得输入电压 u_2 峰值的不同倍数的输出电压。多倍压整流电路中各二极管所承受的最大反向电压均为 $2\sqrt{2}U_2$。

需要说明的是，上述分析中，假设电路空载且已处于稳定状态。当电路带上负载后，输出电压将不可能达到 u_2 峰值的倍数，即倍压整流电路只能在负载电流较小的情况下工作，否则输出电压会降低。倍压越高的整流电路，这种因负载电流增大而使输出电压下降的情况越严重。

7.2　滤波电路

整流电路的输出是单方向脉动的，其中含有大量的高次谐波交流分量，这样的单向脉动电在有些场合把它当作直流电来用是可以的，比如给直流电机供电、给蓄电池充电及给其他感性负载供电等。而对于绝大多数电子仪器和设备来说，需要的是一个波动很小的理想的直流电源，这就需要在整流电路的后面再加上滤波电路，用滤波电路来减少整流电路输出电压和输出电流的脉动。这里介绍几种常用的滤波电路。

7.2.1 电容滤波电路

滤波电路

电容滤波电路就是在整流电路的输出端并联一个电容器 C，则 $u_o = u_C$，利用电容能够储能和电容两端电压不能突变的特点来进行滤波，减小整流电压的脉动程度。单相桥式整流电容滤波电路如图 7.10 所示。

假设电路中 u_2 从 $\omega t = 0$ 时开始由零逐渐增大，二极管 D_1、D_3 导通，u_2 给负载电阻 R_L 供电的同时还给电容 C 充电。由于电源内阻和二极管正向导通电阻很小，充电回路时间常数 τ 很小，充电速度很快，所以 u_C 与 u_2 按照正弦规律增加。当 u_2 达到最大值时，u_C 也达到最大值，而后 u_2 和 u_C 开始减小。由于 u_2 减小的速度比 u_C 减小的速度快，当 $u_2 < u_C$ 时，二极管 D_1、D_3 承受反向电压而截止，电容 C 对负载电阻 R_L 放电，u_C 按照指数规律减小。由于放电回路时间常数 $\tau = R_L C$ 较大，放电速度较慢，u_C 减小得不多，直到 u_2 的值再次大于 u_C 时，二极管 D_2、D_4 导通，u_2 又给电容 C 充电，重复上述过程。通过这种周期性的充电、放电，就可以得到比较平稳的输出电压 u_o，波形如图 7.11 所示。

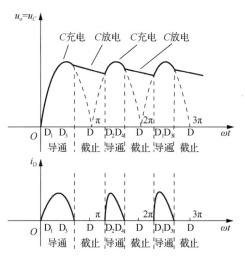

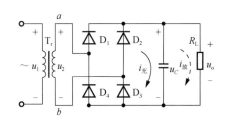

图 7.10 单相桥式整流电容滤波电路　　　图 7.11 单相桥式整流电容滤波电路波形

由上述分析和波形可以看出滤波电路有如下几个特点：

（1）输出电压 u_o 的脉动减小，电压平均值增加。

输出电压的大小与时间常数 $\tau = R_L C$ 有关，τ 越大，电容放电速度越慢，输出电压波动越小，输出电压的平均值越大。当电容 C 很大，且负载开路（$R_L = \infty$）时，U_C 充电达到最大值后不放电，输出电压最大，此时输出电压的平均值为

$$U_o = U_C = \sqrt{2} U_2 \tag{7.9}$$

实际中为了得到比较平直的输出电压，一般要求

$$\tau = R_L C \geqslant (3 \sim 5)\frac{T}{2} \tag{7.10}$$

式中，T 为整流电路输入交流电的周期。此时，输出电压平均值的大小可取

$$U_o = U_2 \text{（半波电路）} \tag{7.11}$$

$$U_{\mathrm{o}} = 1.2U_2 \quad （全波电路） \tag{7.12}$$

由于电容器 C 的值较大，通常使用的都是电解电容器，电解电容器体积大，引脚有正负之分，耐压要高于输出电压。

（2）二极管的导通角减小。

在一个周期（2π）中，二极管导通时间所对应的角度称为导通角。没有滤波电容时，二极管的导通角为 π，而加上滤波电容后，导通角小于 π，如图 7.11 所示，而且放电时间常数越大，导通角越小。

此外，由于电容一个周期内的充电电荷等于放电电荷，即通过电容的电流平均值为零，则二极管电流 i_{D} 的平均值 I_{D} 近似等于负载电流的平均值 I_{o}，而二极管导通角小于 π，因此 i_{D} 的峰值较大，在选择二极管时要考虑到这点。

（3）电容滤波电路的外特性比较差。

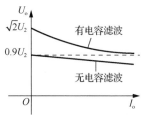

外特性或输出特性就是滤波电路输出电压 U_{o} 与输出电流 I_{o} 之间的变化关系，如图 7.12 所示。由图可见，电容滤波电路的输出电压 U_{o} 随负载的变化而有较大的变化，这样的外特性比较差，带负载能力较差，只能用于负载电流较小、变化不大的场合。

图 7.12　电容滤波电路的外特性曲线

例 7.2　要求单相桥式整流电容滤波电路的输出电压为 30V，负载电阻 $R_{\mathrm{L}} = 200\Omega$，交流电源频率为 50Hz。选择二极管和滤波电容的参数。

解： 二极管的电流为

$$I_{\mathrm{D}} = \frac{I_{\mathrm{o}}}{2} = \frac{1}{2} \times \frac{U_{\mathrm{o}}}{R_{\mathrm{L}}} = 0.075\mathrm{A} = 75\mathrm{mA}$$

整流电路输入电压为

$$U_2 = \frac{U_{\mathrm{o}}}{1.2} = \frac{30}{1.2} = 25\mathrm{V}$$

二极管承受的最大反向电压为

$$U_{\mathrm{DRM}} = \sqrt{2}U_2 = 35\mathrm{V}$$

可选用二极管 2CZ52B，参数：$I_{\mathrm{OM}} = 100\mathrm{mA}$；$U_{\mathrm{RM}} = 50\mathrm{V}$。

根据

$$R_{\mathrm{L}}C \geqslant (3 \sim 5)\frac{T}{2}$$

选择滤波电容器

$$C \geqslant \frac{5T}{2R_{\mathrm{L}}} = \frac{5}{2fR_{\mathrm{L}}} = \frac{5}{2 \times 50 \times 200}\mathrm{F} = 250\mu\mathrm{F}$$

电容电压最大值为

$$U_{\mathrm{DRM}} = \sqrt{2}U_2 = 25\sqrt{2}\mathrm{V}$$

可选取标称值 1000μF、耐压为 70V 的电解电容器。

7.2.2　电感滤波电路

电感滤波就是在整流电路与负载之间串联一个铁芯电感线圈 L，电路如图 7.13 所示。滤波电路输出电压 u_o 等于整流电路输出电压 u 减去铁芯电感线圈上的电压 u_L。根据傅

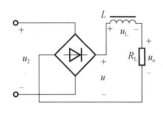

图 7.13　电感滤波电路

里叶级数可以把整流电路输出的单向脉动电压 u 分解为直流和交流谐波分量的和，电感对交流分量有阻碍作用，交流分量基本都落在电感上，直流分量落在负载电阻 R_L 上，因此输出电压 u_o 的脉动大为减小。

电感滤波电路的特点：

（1）输出电压的平均值基本上等于没有滤波时整流电路输出的平均值。

（2）外特性比较硬，如果负载电阻 R_L 比电感线圈的电阻大很多，则当负载电阻 R_L 变化时输出电压的平均值变化得就很小。

（3）电感线圈体积大、价格高，适用于负载电流大的场合。

7.2.3　π 形滤波电路

LC 结构的 π 形滤波电路如图 7.14（a）所示。为了达到更好的滤波效果，实际中还可以把电感和电容组合使用，在电感的前面和后面再加上电容滤波，滤波效果更好，输出电压更平稳，但是二极管的电流冲击较大。

电感线圈体积大、价格高，可以用电阻代替电感组成 RC 结构的 π 形滤波电路，如图 7.14（b）所示。由于电阻对交流和直流都有减压的作用，所以要求负载电阻 R_L 要比滤波电阻 R 大很多，即这种电路只适用于负载电流较小的场合。

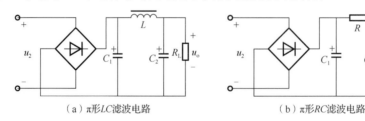

（a）π形 LC 滤波电路　　　　　　　　　（b）π形 RC 滤波电路

图 7.14　π 形滤波电路

7.3　稳压管稳压电路

稳压管稳压电路

滤波电路的输出脉动减小了，但是输出电压的大小不稳定，输出电压会随着电源电压的波动或者负载变化而变化，在要求比较高的场合，滤波电路后面还要加上稳压电路。最简单的稳压电路就是稳压管稳压电路，电路结构如图 7.15 所示。

用稳压管 D_Z 和稳压电阻（又称限流电阻）R 组成稳压电路，输出电压为

$$U_o = U_Z = U_i - U_R = U_i - I_R R = U_i - (I_{DZ} + I_o)R \qquad (7.13)$$

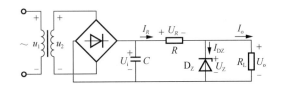

图 7.15　稳压管稳压电路

稳压管稳压电路正常工作时 D_Z 工作在反向击穿状态，此时 D_Z 中电流变化很大，但其两端电压变化很小。由于稳压电路的输出电压 U_o 就是稳压管的反向击穿电压 U_Z，所以输出电压比较稳定。下面分析具体的稳压过程：

（1）当负载电阻 R_L 一定时，交流电源电压 U_2 升高会使 U_o 和 U_Z 稍有升高，如果 U_Z 稍微升高一点，稳压管的反向击穿电流 I_{DZ} 会急剧增加，使 $I_R = I_{DZ} + I_o$ 增大，稳压电阻上的电压 U_R 增加，$U_o = U_i - U_R = U_i - I_R R$，用 U_R 的增加来抵消 U_o 的增加，使输出电压 U_o 基本保持不变。稳压过程如下：

$$U_2 \uparrow \rightarrow U_i \uparrow \rightarrow U_o \uparrow \rightarrow U_Z \uparrow \rightarrow I_{DZ} \uparrow \rightarrow I_R \uparrow \rightarrow U_R \uparrow \rightarrow U_o \downarrow$$

交流电源电压 U_2 减小时的稳压过程相反。

（2）当交流电源电压 U_2 一定时，负载电阻 R_L 减小会使负载电流 I_o 增大，$I_R = I_{DZ} + I_o$ 增大，U_R 增加，$U_Z = U_o = U_i - U_R$ 减小，U_Z 稍微减小一点，稳压管的反向击穿电流 I_{DZ} 会急剧减小，使 I_R 减小，U_R 减小，根据 $U_o = U_i - U_R$，可用 U_R 的减小来抵消 U_o 的减小，保持输出电压 U_o 基本不变。稳压过程如下：

$$R_L \downarrow \rightarrow U_R \uparrow \rightarrow U_o \downarrow \rightarrow U_Z \downarrow \rightarrow I_{DZ} \downarrow \rightarrow I_R \downarrow \rightarrow U_R \downarrow \rightarrow U_o \uparrow$$

当负载电阻 R_L 增加时，稳压过程相反。

可见，稳压电路是通过稳压管反向击穿电流的变化及稳压电阻上电压的变化来保持输出电压基本不变的。稳压电阻 R 除了起电压调节作用外，还有限流作用，即避免稳压管中电流过大而损坏。稳压管电流 I_{DZ} 的变化范围应在稳定电流 I_Z 和最大稳定电流 I_{ZM} 之间，如果 $I_{DZ} < I_Z$，稳压管没有进入反向击穿状态，起不到稳压的作用；如果 $I_{DZ} > I_{ZM}$，稳压管会被损坏。

稳压电路中稳压管选择如下。

（1）稳压电路的输入电压：

$$U_i = (2 \sim 3)U_o \tag{7.14}$$

（2）稳压管的稳定电压与输出电压相同：

$$U_Z = U_o \tag{7.15}$$

（3）稳压管的最大稳定电流要比最大负载电流大：

$$I_{ZM} = (2 \sim 3)I_{omax} \tag{7.16}$$

限流电阻 R 的选择要满足以下两种极端情况：

第一种情况，当输入电压最低（U_{imin}）而负载电流最大（I_{omax}）时，流过稳压管的电流 I_{DZ} 应该大于稳压管的稳定电流 I_Z，即

$$I_{DZ} = \frac{U_{imin} - U_o}{R} - I_{omax} > I_Z$$

由此，可以得出

$$R < \frac{U_{\text{imin}} - U_o}{I_Z + I_{\text{omax}}} \tag{7.17}$$

第二种情况，当输入电压最高（U_{imax}）而负载电流最小（I_{omin}）时，流过稳压管的电流 I_{DZ} 不能超过稳压管的最大稳定电流 I_{ZM}，即

$$I_{\text{DZ}} = \frac{U_{\text{imax}} - U_o}{R} - I_{\text{omin}} < I_{\text{ZM}}$$

由此，可以得出

$$R > \frac{U_{\text{imax}} - U_o}{I_{\text{ZM}} + I_{\text{omin}}} \tag{7.18}$$

因此，限流电阻 R 的取值范围为

$$\frac{U_{\text{imax}} - U_o}{I_{\text{ZM}} + I_{\text{omin}}} < R < \frac{U_{\text{imin}} - U_o}{I_Z + I_{\text{omax}}} \tag{7.19}$$

可以在此范围内选一个标称阻值的电阻。

另外，选择电阻不仅要选择电阻的阻值，还有选择电阻的功率，稳压电阻的功率应按下式选择：

$$P_R = (2 \sim 3)\frac{(U_{\text{imax}} - U_o)^2}{R} \tag{7.20}$$

例 7.3　如图 7.15 所示稳压电路，稳压电路输入电压 $U_i = 30\text{V}$，稳压二极管的稳定电压 $U_Z = 10\text{V}$，稳定电流 $I_Z = 10\text{mA}$，最大稳定电流 $I_{\text{ZM}} = 30\text{mA}$，稳压电阻 $R = 0.8\text{k}\Omega$，负载电阻 $R_L = 1\text{k}\Omega$。（1）求电流 I_o、I_{DZ}、I_R；（2）是否允许负载开路？为什么？（3）允许最小的负载电阻值是多少？

解：（1）

$$I_o = \frac{U_o}{R_L} = \frac{10}{1} = 10\text{mA}$$

$$I_R = \frac{U_i - U_o}{R} = \frac{30 - 10}{0.8} = 25\text{mA}$$

$$I_{\text{DZ}} = I_R - I_o = 25 - 10 = 15\text{mA}$$

（2）若负载开路，则 $I_o = 0$，$I_{\text{DZ}} = I_R = 25\text{mA} < I_{\text{ZM}} = 30\text{mA}$，允许负载开路。

（3）按照

$$I_{\text{DZ}} = I_R - I_o = 25 - \frac{U_o}{R_L} \geqslant I_Z = 10\text{mA}$$

负载电阻应满足

$$R_L \geqslant \frac{2}{3}\text{k}\Omega$$

7.4　串联式稳压电路

串联式稳压电路有多种，图 7.16 是一种简单串联式稳压电路。图中，T 是大电流晶体管，也称调整管，R_1、R_2 构成采样电路，U_Z 是基准电压，R_3 是稳压管的限流电阻，

用运算放大器构成比例放大电路，R_4 是运算放大器输出限流电阻。

当稳压电路输出电压 U_o 升高时，采样电路把 U_o 分压后送到运算放大器的反向输入端，与基准电压 U_Z 进行比较，运算放大器输出电位降低，调整管基极电流减小，调整管压降 U_{CE} 增加，用来抵消 U_o 的升高，使 U_o 保持基本稳定。

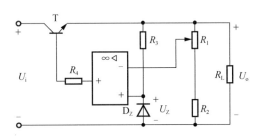

图 7.16　串联式稳压电路

改变电位器可以调节输出电压，因此串联式稳压电路的输出电压具有一定的调节范围。

该串联式稳压电路结构比较简单，缺点是输出电流不大，纹波系数较大，没有保护环节。

7.5　集成稳压电源

集成稳压电源
电源

集成稳压电源的种类比较多，三端集成稳压电源因具有性能好、体积小、外围元件少、价格低等特点而一直被广泛使用，78××系列三端集成稳压电源是最常用的集成稳压电源。

78××系列三端集成稳压电源的外形（1A 塑封）及引脚如图 7.17 所示，内部是串联型晶体管稳压电路，具有基准电压单元、比较放大环节、调整管及保护单元等电路，将这些电路集成在一个半导体芯片上，芯片只有三个外部引脚，引脚 1 为输入端，引脚 2 为公共端，引脚 3 为输出端。

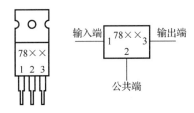

图 7.17　78××系列集成稳压电源外形及引脚

78××系列三端集成稳压电源输出固定的正电压，数字×× 表示输出电压的值，有 5V、6V、9V、12V、15V、18V、24V 等多种等级。使用时，除了输出电压值外，还要了解输入电压、最大输出电流等参数。图 7.18 是 7812 三端集成稳压电源的应用电路，输出电压是+12V。图中，C 是滤波电容；C_1 用来抵消输入端接线较长时产生的电感效应，防止产生自激振荡，取值在 0.1～1μF；C_2 用来改善输出瞬态响应，防止负载电流瞬间增加引起输出电压有较大的波动，可取 1μF。

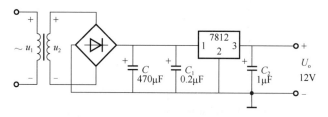

图 7.18　7812 三端集成稳压电源应用电路

习　　题

7.1　如图 7.19 所示单相半波整流电路，交流电源 $u_1 = 220\sqrt{2}\sin\omega t$ V，负载电阻 $R_L = R = 90\Omega$，要求输出电压平均值 $U_o = 18$V。（1）选择整流二极管的参数；（2）画出各电压和电流的波形。

7.2　如图 7.20 所示全波整流电容滤波电路的负载电阻 $R_L = 100\Omega$，变压器二次电压有效值 $U_2 = 20$V，频率 50Hz。（1）求输出电压 U_o 和输出电流 I_o；（2）选择整流二极管和电容的参数；（3）若电容 C 断开，再求 U_o 和 I_o。

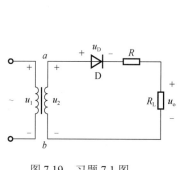

图 7.19　习题 7.1 图

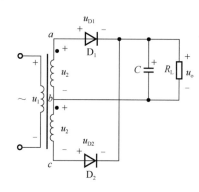

图 7.20　习题 7.2 图

7.3　如图 7.21 所示单相桥式整流电路给电池充电，$u_2 = 20\sqrt{2}\sin\omega t$ V，$U_S = 9$V，电池充电电流最大值为 1A。（1）求整流电路输出电压和电流的平均值；（2）选择限流电阻 R 的阻值；（3）选择整流二极管的参数；（4）画出整流电路输出电压和电流的波形。

7.4　桥式整流电容滤波电路的输入电压有效值 $U_2 = 15$V，负载电阻 $R_L = 50\Omega$，交流电源频率为 50Hz。（1）选择二极管和滤波电容的参数；（2）若其中一个二极管断开，求滤波电路输出电压的平均值；（3）若其中一个二极管和电容断开，求输出电压的平均值。

7.5　如图 7.22 所示电路，交流电压 $u_2 = 20\sqrt{2}\sin\omega t$ V，$R_L = R = 100\Omega$。（1）画出各元件电压和电流的波形；（2）求 u_o 和 u_D 的平均值；（3）选择二极管的参数。

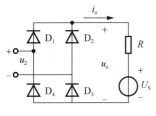

图 7.21　习题 7.3 图

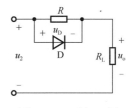

图 7.22　习题 7.5 图

7.6　如图 7.23 所示电路的交流电压 $u_2 = 220\sqrt{2}\sin\omega t$ V，$R_L = 1k\Omega$。（1）画出输出电压 u_o 的波形；（2）求 u_o 的平均值；（3）求二极管的最大反向电压。

7.7　如图 7.24 所示桥式整流电容滤波电路的输出电压 U_o 为 24V，负载电阻 $R_L = 500\Omega$，交流电源频率为 50Hz。（1）求 U_2；（2）U_2 和电容 C 一定，若 R_L 减小，输出电压 U_o 和二极管的导通角增加还是减小？（3）U_2 和 R_L 一定，若 C 减小，输出电压 U_o 和二极管的导通角增加还是减小？

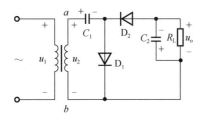

图 7.23　习题 7.6 图

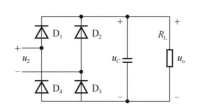

图 7.24　习题 7.7 图

7.8　如图 7.25 所示稳压电路，整流电路输入电压 $U_2 = 20V$，稳压二极管的稳定电压 $U_Z = 10V$，稳定电流 $I_Z = 5mA$，最大稳定电流 $I_{ZM} = 30mA$，稳压电阻 $R = 0.5k\Omega$，负载电阻 $R_L = 1k\Omega$。（1）求 U_i、I_{DZ}；（2）是否允许负载开路？为什么？（3）若电容 C 断开，求 U_i、I_{DZ}；（4）若电容 C 和稳压管都断开，求 U_i；（5）若电容 C、稳压管和整流桥中一个二极管都断开，求 U_i。

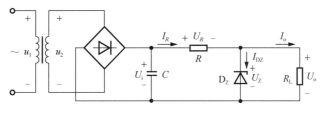

图 7.25　习题 7.8 图

7.9　画出 78×× 系列三端集成稳压电源的应用电路，要求输出电压+5V。

第8章 晶闸管及其应用

晶闸管（silicon controlled rectifier）是一种大功率半导体可控开关元件。它的出现，使半导体的应用从弱电领域进入了强电领域，电力电子技术也进入了飞速发展的时期。晶闸管具有体积小、重量轻、效率高、控制灵活等优点，故在电路中得到广泛应用。

（1）整流器。把交流电变换成大小可调的直流电，如晶闸管直流传动系统。

（2）逆变器。把直流电变换成交流电。

（3）变频器。把一种频率的交流电变换成另一种频率或频率可调的交流电，如用于冶炼、热处理的中频电源，用于交流电动机调速的变频电源等。

（4）交流调压器。把有效值固定的交流电压变换成有效值可调的交流电压。

（5）无触点开关。代替交流接触器，可实现系统中的通断控制。

大容量的普通晶闸管（额定值已达到 6000V，4000A）已广泛应用于各种电源装置、无功补偿、电力传动、电力牵引、家用电器以及冶炼、焊接、电镀和电解等各生产领域。

晶闸管属于半导体器件，与二极管和晶体管类似，也有过载能力差、工作中易受干扰、控制电路复杂等缺点。

本章主要介绍普通晶闸管的工作原理和特性、单相可控整流电路、触发电路的工作原理和实际应用举例。

8.1 晶 闸 管

8.1.1 晶闸管的导电特性

晶闸管导电特性

晶闸管元件主要有两种结构：螺栓式和平板式。螺栓式如图 8.1（a）所示，其额定电流较小；平板式多为电流在 100A 以上的大电流器件，如图 8.1（b）所示。两种晶闸管虽然外形不同，但它们的内部结构和符号是完全一样的，如图 8.2 所示。从图中可以看出，晶闸管是一个三极四层半导体器件，从阳极到阴极共有三个PN结。晶闸管都具有一个阴极、一个阳极和一个控制极（又称门极）。螺栓式晶闸管，螺栓的那一端是阳极引线，并利用它与散热器固定，另一端粗引线是阴极，细引线是控制极。在平板式晶闸管上，中间金属环的引线为控制极，两侧平面分别为阳极和阴极。

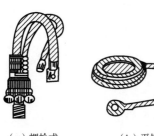

（a）螺栓式　　　（b）平板式

图 8.1　晶闸管的外形结构

在图 8.3 实验电路中，U_a 为晶闸管的直流工作电源；U_g 为控制极电源；L 为灯泡；R_p 为可变电阻。图中，$R_p=0$，开关 S_1、S_2 均打开。然后，进行如下操作，并观察现象。

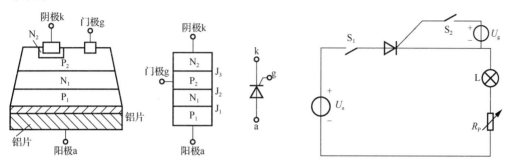

图 8.2　晶闸管的内部结构示意图和符号　　　　　图 8.3　晶闸管实验电路

先将 S_1 闭合，晶闸管承受正向电压。此时，灯泡不亮，说明晶闸管没有导通。再把 S_2 也闭合，灯泡就亮了，即晶闸管处于导通状态。晶闸管导通之后，再把 S_2 打开，或反接 U_g，灯泡仍然会亮，说明晶闸管仍继续导通。

上述实验表明：晶闸管阳极与阴极之间加上正向电压后，晶闸管并没有导通，此时必须在控制极和阴极间加正向电压（触发电压），晶闸管才会导通；晶闸管导通后，触发电压失去控制作用。通常，触发电压也可以采用脉冲信号（又称为触发脉冲）。

如果晶闸管加反向电压（晶闸管阳极接电源 U_a 的负极，阴极接 U_a 的正极），不管控制极和阴极之间所加控制电压 U_g 的极性如何，灯都不会亮。此时，晶闸管均不导通。因此，晶闸管阳极与阴极之间加反向电压时，晶闸管处于关断状态。

在晶闸管加上正向电压，触发导通后，调节 R_p 使其阻值增加，灯泡亮度逐渐减弱。当 R_p 阻值增大到某一数值，此时电路中的电流已减小到某一数值，灯泡会灭掉。此时，晶闸管已经自行关断。

综上所述，可以得出晶闸管正常工作情况下的导通条件是：晶闸管阳极和阴极之间加正向电压，且控制极和阴极之间加适当的正向电压或电流（称为触发电压或电流）。晶闸管正常工作情况下的关断条件仅需满足下列条件之一：在晶闸管阳极和阴极之间加反向电压，或流过晶闸管的电流小于某一电流（称为维持电流）。

需要注意的是，若晶闸管的正向电压超过允许值，虽然控制极没加触发电压，晶闸管也会导通；当反向电压超过允许值时，晶闸管也会因过压而突然导通，造成永久性损坏。

8.1.2　晶闸管的工作原理

以普通晶闸管的工作情况为例，一个晶闸管元件可以看作由一对互补晶体三极管构成，如图 8.4 所示。

晶闸管的工作原理

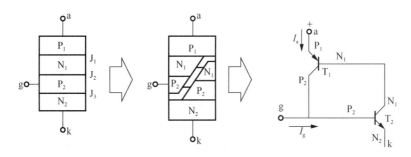

图 8.4　晶闸管的等效电路

由图 8.4 可见，一个是 $P_1N_1P_2$ 管，另一个是 $N_1P_2N_2$ 管，每一个晶体管的基极与另一个晶体管的集电极相连。阳极 a 相当于 T_1 管的发射极，阴极 k 相当于 T_2 管的发射极。当控制极未加触发电压，只在阳极和阴极加正向电压时，有一个 P_2N_1 结处于反向偏置，流过管子的电流仅是反向微弱的漏电流，a、k 之间不导通，晶闸管处于正向阻断状态。如果在阳极和阴极之间加上正电压的同时，在控制极和阴极之间也加上正向触发电压，如图 8.5 所示，则从控制极有电流 I_g 流入 T_2 管的基极。

设 T_2 管的电流放大系数为 β_2，则 T_2 的集电极电流 $I_{c2} = \beta_2 \cdot I_g$。$I_{c2}$ 又是 T_1 管子的基极电流，若 T_1 的电流放大系数是 β_1，则 T_1 的集电极电流 $I_{c1} = \beta_1 \cdot I_{c2} = \beta_1 \cdot \beta_2 \cdot I_g$。因 T_1 管集电极与 T_2 管的基极相连，I_{c1} 流入 T_2 基极进行第二次放大，使集电极电流进一步加大，由此形成强烈的正反馈过程，使两个晶体管很快进入饱和状态。饱和导通后管压降很低，约为 1V，电源电压 U_a 几乎全部加到负载电阻 R 上，流过晶闸管的电流大小取决于 U_a 和 R 的数值。这就是晶闸管的导通原理。

从图 8.5 中可以看出，T_2 的基极电流 $I_{b2} = I_g + I_{c1}$，触发电流 I_g 由触发电压 U_g 产生，当正反馈形成后，$I_{c1} > I_g$，所以晶闸管导通后，即使断开控制极电源 U_g，晶闸管仍然可以继续导通。若负载电阻增加，流过晶闸管电流将减少，当电流小于某一数值时，正反馈已不能维持，晶闸管会自行关断。能保证晶闸管维持导通状态的最小电流，称为维持电流，用 I_H 表示。

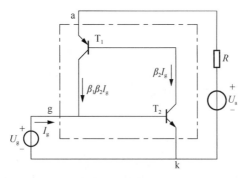

图 8.5　晶闸管加触发后的示意图

晶闸管阳极和阴极之间加反向电压时，两个三极管均处于反向状态，失去放大作用，因此不会导通。

8.1.3 晶闸管的伏安特性与主要参数

阳极电流 I_a 和电压 U_{ak} 的关系曲线被称为晶闸管的伏安特性，如图 8.6 所示。

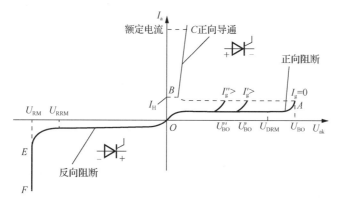

图 8.6 晶闸管的伏安特性

晶闸管正常导通应该是在阳极和阴极之间外加正向电压，而控制极加触发电压（触发电流 $I_g > 0$）的条件下发生的。如果在控制极加触发电压，使控制极有正向触发电流 I_g，则晶闸管正向转折电压就变小，如图 8.6 所示。正向触发电流 I_g 越大，正向转折电压 U_{BO} 就越小，当 I_g 足够大时，只要在阳极和阴极之间加上很小的正向电压就能导通。

在晶闸管导通后，若逐渐减小 U_{ak}，阳极电流 I_a 沿 BC 段逐渐减小，当 I_a 低于维持电流 I_H 时，晶闸管就从导通状态转化为关断状态。电流 I_H 是维持晶闸管处于导通状态的最小正向阳极电流，故称为维持电流。

如果控制极断开即控制极电流 $I_g = 0$，在晶闸管的阳极和阴极之间加正向电压 U_{ak}，改变 U_{ak} 使其从零逐渐增加，阳极电流 I_a 沿曲线的 OA 段变化，但增加很慢，即使 U_{ak} 已较大，I_a 仍然很小，只有几个毫安（称为正向漏电流）。这时晶闸管阳极和阴极之间处于正向阻断状态。待 U_{ak} 升到某一数值时，阳极电流 I_a 突然增大，晶闸管由阻断状态转化为导通状态，伏安特性由 OA 段跳变到曲线的 BC 段工作。晶闸管导通后 U_{ak} 很小，约为 1V。U_{BO} 称为正向转折电压。这种不加控制电压（$I_g = 0$），而是在很大的阳极电压作用下，使晶闸管从关断转化为导通，不是正常工作状态，因为此时晶闸管已失去控制作用。

当阳极和阴极加反向电压时，特性曲线和二极管一样，随着反向电压的升高，反向漏电流有所增加，但仍然处于反向阻断状态。当反向电压超过击穿电压 U_{RM} 时，晶闸管被反向击穿，电流急剧增大，元件极易损坏。这种由反向阻断转化为反向击穿的情况是不允许发生的，必须设法避免。

在正确选择和使用晶闸管时，应了解晶闸管的主要参数。

（1）额定正向平均电流 I_F。

I_F 是指在规定的环境温度、结温和冷却条件下，晶闸管元件可以连续通过工频正弦半波电流在一个周期内的平均值，简称额定电流，如图 8.7 所示。

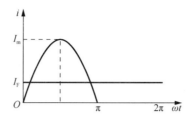

图 8.7 晶闸管的平均电流值

$$I_{\mathrm{F}} = \frac{1}{2\pi} \int_0^\pi I_{\mathrm{m}} \sin \omega t \mathrm{d}\omega t = \frac{I_{\mathrm{m}}}{\pi} \tag{8.1}$$

（2）正向阻断峰值电压 PFV（或 U_{DRM}）。

元件结温为额定值时，当控制极开路和晶闸管正向阻断的条件下，允许重复加在晶闸管阳极与阴极间的正向峰值电压，称为正向阻断峰值电压，一般由生产厂家规定。此电压按规定比正向转折电压小 100V，也有的规定为正向转折电压的 80%。

（3）反向阻断峰值电压 PRV（或 U_{RRM}）。

控制极开路、结温为额定值时，允许重复加在晶闸管阳极和阴极之间的反向峰值电压，一般规定比反向击穿电压小 100V，也有规定为反向击穿电压的 80%。

通常把 PFV 和 PRV 中较小的一个数值标作晶闸管元件的额定电压。

（4）维持电流 I_{H}。

在规定的环境温度下，控制极断开时，能够维持晶闸管继续导通的最小阳极电流。一般为毫安数量级，当阳极电流小于这个数值时，晶闸管就会自动关断。

（5）控制极触发电压 U_{g} 与电流 I_{g}。

在阳极和阴极之间加一定的正向电压条件下，能使晶闸管元件导通的最小控制电压和电流分别称为触发电压和触发电流。触发电压一般为 1～5V，触发电流从几毫安到几百毫安，它们与晶闸管的大小有关。

（6）普通型晶闸管元件的型号及含义。

晶闸管元件的型号为 3CT 或 KP。例如 3CT20/600 表示额定正向平均电流为 20A、正反向阻断电压为 600V 晶闸管元件。

8.2 晶闸管整流电路

8.2.1 单相半波可控整流电路

采用晶闸管元件组成的可控整流电路，其整流电压的大小是可以调节的。下面分析这种电路在电阻性负载和电感性负载时的工作情况。

单相半波
可控整流电路

1. 电阻性负载

图 8.8（a）是接电阻性负载的单相半波可控整流电路图，图 8.8（b）是输入交流电

压 u_2 的波形，图 8.8（c）是控制极外加触发电压波形。触发电压是尖脉冲，因此又称触发脉冲。从图中可见，在输入交流电压 u_2 正半周时，晶闸管承受正向电压，在 $0\sim\omega t_1$ 内，由于控制极没加触发电压，晶闸管不导通，i_o 和 u_o 都等于零。因此，晶闸管阳极和阴极之间的电压 $u_T=u_2$，其波形如图 8.8（e）所示。

假如在 t_1 时刻 [图 8.8（b）] 给控制极加上触发电压 u_g [图 8.8（c）]，晶闸管导通。导通后，晶闸管正向压降很小，$u_T\approx0$，交流电压 u_2 基本上全部加到负载电阻 R_L 上，$u_o\approx u_2\approx i_o\cdot R_L$。当交流电压 u_2 下降到接近于零时，$i_o=\dfrac{u_2}{R_L}$ 会小于晶闸管的维持电流，因而晶闸管自行关断。由于负载为电阻性负载，故 i_o 与 u_o 波形相似，如图 8.8（d）所示。在交流电压 u_2 负半周内，晶闸管承受的是反向电压，即使在 t_2 时刻有触发电压加在控制极，晶闸管也不会导通，负载电压 u_o 和负载电流 i_o 均为零，交流电压全部加在晶闸管上。当输入电压下一个正半周来到时，在 t_3 时刻晶闸管再度被触发而导通，如此重复进行。由图可见，只要改变触发电压的输入时刻，或者说移动触发脉冲的相位，就可以改变晶闸管导通时间的长短，负载电压波形相应变化，输出直流电压的平均值也就得到控制。

晶闸管从开始承受正向电压到触发导通区间称为移相角或控制角，用 α 表示。晶闸管导通范围称为导通角，用 θ 表示。

显然 $\alpha+\theta=\pi$。由图 8.8（d）可以看出，输出电压平均值为

$$U_o=\frac{1}{2\pi}\int_\alpha^\pi\sqrt{2}U_2\sin\omega t\,\mathrm{d}\omega t$$
$$=\frac{\sqrt{2}U_2}{2\pi}(1+\cos\alpha)$$
$$=0.45U_2\frac{1+\cos\alpha}{2}\qquad(8.2)$$

控制角 α 愈小，导通角 θ 愈大，输出电压平均值 U_o 愈大。当 $\alpha=0°$（$\theta=180°$）时，输出电压 $U_o=0.45U_2$ 最大；当 $\alpha=180°$（$\theta=0°$）时，$U_o=0$；令 α 在 $0°\sim180°$ 内变化，则输出电压 U_o 在 $0.45U_2\sim0$ 变动。α 变化范围称为触发脉冲移相范围，单相半波可控整流电路最大移相范围为 $180°$。

通过晶闸管的电流平均值 I_o，即为输出电流（负载电流）的平均值

$$I_o=\frac{U_o}{R_L}=0.45\frac{U_2}{R_2}\cdot\frac{1+\cos\alpha}{2}\qquad(8.3)$$

由图 8.8（e）可知，晶闸管承受的最大反向电压为 $\sqrt{2}U_2$。

例 8.1 在图 8.8（a）中的单相半波晶闸管整流电路中，已知输入交流电压 $u=220\sqrt{2}\sin\omega t$ V，负载电阻

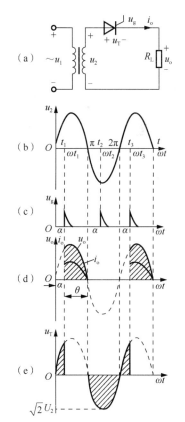

图 8.8　单相半波可控整流电路

$R_L = 10\Omega$，求：（1）最大输出电压和输出电流的平均值；（2）当输出电压为最大输出电压平均值 30% 时的控制角；（3）选择合适的晶闸管。

解：（1）控制角 $\alpha = 0°$ 时输出电压和输出电流最大，它们的值为

$$U_o = 0.45 U_2 \frac{1 + \cos 0°}{2} = 0.45 \times 220V = 99V$$

$$I_o = \frac{U_o}{R_L} = \frac{99}{10}A = 9.9A$$

（2）因为

$$99 \times 30\% = 0.45 \times 220 \times \frac{1 + \cos\alpha}{2}$$

所以

$$\alpha = \cos^{-1}\left(\frac{2 \times 99 \times 0.3}{0.45 \times 220} - 1\right) = 113.6°$$

（3）工程上，通常用流过晶闸管最大平均电流值乘以安全系数 K（一般 K 取 1.5～2）来确定晶闸管额定正向平均电流。即晶闸管电流为

$$I_F = 9.9A \times 2 \approx 20A$$

晶闸管承受的电压为 $220 \times \sqrt{2}V \approx 311V$，工程上再乘以安全系数 K，即

$$U_{DRM} = 311V \times 2 = 622V$$

因此，晶闸管可选用 3CT20/600 型。

2. 电感性负载

在生产实践中，晶闸管整流电路除向纯电阻负载供电外，还大量用于电感性负载，如直流电机电枢或励磁线圈、电磁铁、各种电感线圈等。这类负载既有电感又有电阻，可用等效电感 L 和等效电阻 R 串联表示。这样的晶闸管整流电路，如图 8.9（a）所示。

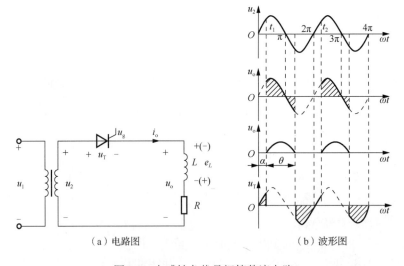

（a）电路图　　　　　　　　（b）波形图

图 8.9　电感性负载晶闸管整流电路

在 u_2 的正半周 t_1 时，晶闸管控制极加触发电压，晶闸管导通。如果忽略晶闸管正向压降，则输出电压 $u_o = u_2$。但是，根据电感中的电流不能突变原则，输出电流 i_o 只能从零开始逐渐增加，并在电感中产生感应电动势 e_L，它的实际极性为上"+"下"–"，如图 8.9（a）所示，其作用是阻碍电流增长。在 i_o 减小过程中，e_L 的实际极性为上"–"下"+"，如图 8.9（a）括号中极性，其作用为阻碍电流 i_o 减小。当交流电压 u_2 过零变负后，电流 i_o 要滞后电压 u_2 一个角度才能等于零。在 u_2 过零变负到电流 i_o 等于零这段时间内，晶闸管仍然承受正向电压（此时 $e_L > |u_2|$），继续保持导通状态，$\alpha + \theta > 180°$。输出电压 $u_o = u_2$ 出现了负电压，如图 8.9（b）所示。直到 $i_o \approx 0$（实际上 i_o 小于维持电流 I_H）时晶闸管方能自行关断，并立即承受反向电压。电感 L 越大，$e_L = -L\dfrac{di_o}{dt}$ 也越大，在电压 u_2 过零变负后，维持晶闸管继续导通的时间也越长，在一个周期内，输出电压 u_o 的负值的比例也越大，故输出整流电压和电流的平均值越小。当电感 L 足够大时，可能造成晶闸管不能自然关断，因而失去控制作用。

为了能使晶闸管在电源电压 u_2 降到零值时及时自行关断，可在感性负载两端并联一个二极管 D，如图 8.10（a）所示。

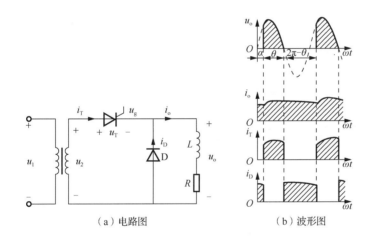

（a）电路图 （b）波形图

图 8.10 接入续流二极管的可控整流电路

接二极管 D 后，当电源电压 u_2 过零变负时，二极管 D 因承受正向电压而导通。于是负载上由感应电动势 e_L 产生的电流经这个二极管形成回路。而晶闸管因承受反向电压而关断，电感中释放出的能量消耗在负载电阻 R 上。输出电压 u_o 和 i_o 波形，如图 8.10（b）所示。输出电压 u_o 的波形与电阻负载时一样，而电流波形则很不一样，当 $\omega L \gg R$ 时，i_o 波形是连续的，而且接近于平行时间轴的直线。二极管 D 在晶闸管关断后给 i_o 续流，故称"续流二极管"。

8.2.2 单相半控桥式整流电路

单相半控桥式可控整流电路，如图 8.11（a）所示。其中两个桥臂用晶闸管，两个桥臂用二极管，负载为电阻性负载。分析方法与二极管桥式整流电路相似，只是每当晶闸管承受正向电压时，晶闸管的控制极加上触发电压后，电路才能导通。

在变压器副边电压 u 的正半周（a 端为正）时，晶闸管 T_1 和 D_2 承受正向电压。这时对晶闸管 T_1 引入触发信号，则 T_1 和 D_2 均导通，电路的通路为 $a \rightarrow T_1 \rightarrow R_L \rightarrow D_2 \rightarrow b$。此时，$T_2$ 和 D_1 都因承受反向电压而截止。

在变压器副边电压 u 的负半周（b 端为正）时，T_2 和 D_1 承受正向电压。这时对晶闸管 T_2 引入触发信号，则 T_2 和 D_1 均导通，电路的通路为 $b \rightarrow T_2 \rightarrow R_L \rightarrow D_1 \rightarrow a$。此时，$T_1$ 和 D_2 都因承受反向电压而截止。各电压和电流的波形如图 8.11（b）～（d）所示。

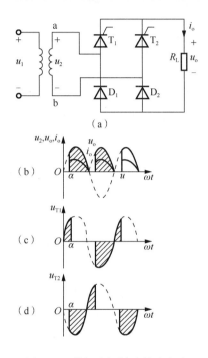

图 8.11 单相半控桥式整流电路

对每个晶闸管来说，$\alpha + \theta = 180°$，输出电压和电流的平均值为

$$U_o = \frac{1}{\pi} \int_\alpha^\pi \sqrt{2} U_2 \sin \omega t \mathrm{d}\omega t = 0.9 U_2 \frac{1 + \cos \alpha}{2} \qquad (8.4)$$

$$I_o = \frac{U_o}{R_L} = 0.9 \frac{U_2}{R_L} \frac{1 + \cos \alpha}{2} \qquad (8.5)$$

例 8.2 在一个单相半控桥式整流电路中，如图 8.11（a）所示，其输入电压 $U=220\text{V}$。若带电阻负载，$R_L = 7.5\Omega$，输出电压 $U_o = 150\text{V}$。求晶闸管的导通角 θ 和流过的平均电流 I_T。

解： 根据单相半控桥式可控整流电路输出电压 U_o 与输入电压 U 的关系：

$$U_o = 0.9U \frac{1 + \cos \alpha}{2}$$

有

$$\cos\alpha = \frac{2U_o}{0.9U} - 1 = \frac{2 \times 150}{0.9 \times 220} - 1 = 0.515$$

所以，控制角为 $\alpha = 59°$，对应的导通角为 $\theta = 180° - 59° = 121°$。

流过晶闸管的平均电流为

$$I_T = \frac{1}{2}I_o = \frac{1}{2} \times \frac{U_o}{R_L} = \frac{1}{2} \times \frac{150}{7.5} = 10\mathrm{A}$$

8.3　逆　变　电　路

逆变是整流的逆过程，即将直流电变换成交流电的过程。实现逆变的变换电路称为逆变电路，同一套晶闸管电路，既可以用作整流，又可以用作逆变，简称变流器。逆变技术被广泛应用于交流异步电动机变频调速、功率超声波电源、高频逆变电机、不间断电源等领域。下面简单介绍几个常用的逆变电路。

8.3.1　无源逆变

无源逆变或变频是把逆变得到的交流电直接供给负载使用，它主要用作不同频率的交流电源。图 8.12 为单相并联逆变电路。

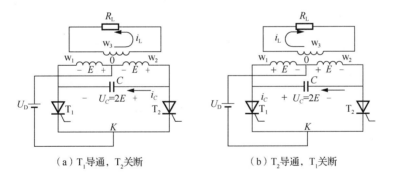

（a）T_1 导通，T_2 关断　　　　　（b）T_2 导通，T_1 关断

图 8.12　单相并联逆变电路

逆变变压器的一次侧有中心抽头，w_1、w_2 和 w_3 分别为 3 个绕组。C 为换向电容，用来关断晶闸管。初始状态时，图 8.12（a）中晶闸管 T_1 和 T_2 截止，w_1、w_2 和 w_3 中无电流，$U_C = 0$，T_1 和 T_2 两端均承受正向压降。若此时 T_1 被触发导通，则电流路径为 $0 \rightarrow w_1 \rightarrow T_1 \rightarrow K$。同时在 w_1、w_2 和绕组中感应出大小为 E 的感应电动势，这两个电动势使电容 C 充电达到 $U_C = 2E$，其极性如图 8.12（a）所示；同时 w_3 绕组中感应出大小为 $E_3 = N_3E/N_1$ 的感应电动势（N_1 为 w_1 绕组匝数，N_3 为 w_3 绕组匝数），并产生电流 i_L，为关断 T_1 做好准备。

如图 8.12（b）所示，若此时 T_2 被触发导通，电容 C 两端的电压反向加到 T_1 的两端，则 T_1 截止，此时电流的路径为 $0 \rightarrow w_2 \rightarrow T_2 \rightarrow K$，各绕组中的电动势方向、负载中的

电流方向都与 T_1 导通时相反。同时电容 C 反向充电到 $2E$，极性为左"+"右"−"，为重新开通 T_1、关断 T_2 做好准备。

如上所述，交替触发晶闸管 T_1 和 T_2 即可实现直流到交流的转换。当触发晶闸管 T_1 和 T_2 交替导通的频率改变时，就可得到不同频率的交流电压。

8.3.2　有源逆变

有源逆变是把直流电变成同一频率的交流电，它主要用作交流绕线式异步电动机的串级调速、直流电机可逆调速等。

图 8.13 为单相全控桥式整流和逆变电路。该变流器直流侧需外接电源 U_M，其方向与通过晶闸管的电流方向相同，数值大于整流输出电压平均值 U_o，提供逆变能量。变流器控制角 α 的移相范围为 $90° \sim 180°$，使 $U_o < 0$，才能把直流功率逆变为交流功率。

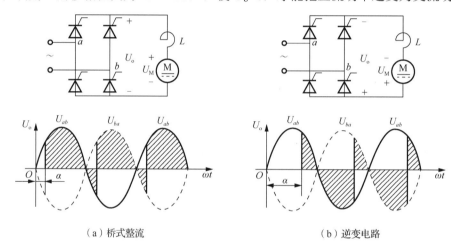

（a）桥式整流　　　　　　　　　　　　　（b）逆变电路

图 8.13　单相全控桥式整流和逆变电路

8.3.3　交流变换电路

交流变换电路是将一种形式的交流电变成另外一种形式的交流电，通常可分为电压变换电路和频率变换电路。其中，交流调压电路仅调节输出电压的有效值，不改变输出频率，广泛应用于灯光控制、加热控制、异步电动机软起动等；交流变频电路可分为直接变频和间接变频两种电路结构，交流变频技术广泛应用于交流电动机的调速、中频电源、高频电源等领域。

图 8.14 为电阻负载单相交流调压电路及其波形图。该电路的作用是通过控制反向并联的两个晶闸管 T_1、T_2 的相位角，调节输出电压的有效值。

图 8.14 中，α 的移相范围为 $0 \leqslant \alpha \leqslant \pi$。当 $\alpha = 0°$ 时，晶闸管始终导通，输出电压最大；随着 α 的增大，输出电压逐渐降低，直到 $\alpha = \pi$ 时，输出电压有效值 $U_o = 0$。图 8.15 是一个交流直接变频电路。

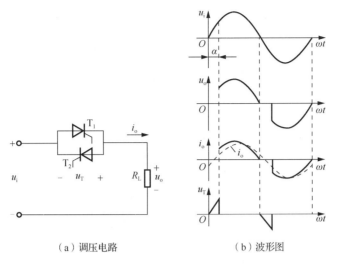

（a）调压电路　　　　　　　　　（b）波形图

图 8.14　电阻负载单相交流调压电路及其波形图

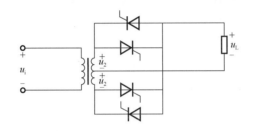

图 8.15　交流直接变频电路

8.4　触　发　电　路

晶闸管由关断转化为导通的条件除加阳阴极之间正向电压外，还必须在控制极和阴极之间加正的控制电压（触发电压）。控制电压可以是交流或直流电压，也可以是脉冲电压（即触发脉冲），产生这些触发电压的电路称为触发电路。

主电路对触发电路有着基本的要求，这就是要保证触发信号与电源同步，即触发信号与电源保持固定的相位关系，同时要有一定的移相范围。触发信号要有一定的功率，以满足晶闸管所需要的起始电流。由于导通不是瞬时的，触发信号应有一定的持续时间。触发电路的种类很多，随着电子技术的飞速发展，集成电路触发器具有更良好的性能，实际应用也越加普遍。下面以 TCA785 触发器为例介绍其基本原理。

8.4.1　TCA785 触发器工作原理

TCA785 触发器是一个 16 引脚的集成电路芯片，它的内部结构如图 8.16 所示。该电路主要由同步检测、矩齿波形成、移相控制、脉冲形成等环节组成。

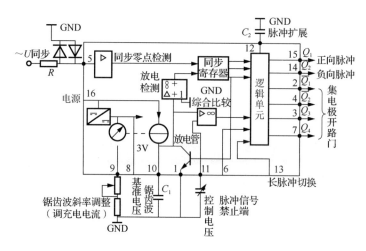

图 8.16　TCA785 触发器内部结构图

5 脚输入的电压信号称为同步电压,其电路为同步信号检测电路,工作原理如图 8.17 所示。这是一个电压比较器电路,输入的交流电压 u_i 与 0V 进行比较,输出电压刚好在过零点时发生变化,所以从该电路中可以得到过零点的信息。其输入/输出波形如图 8.17 (b) 所示。9、10 脚部分电路为锯齿波形成电路,如图 8.18 所示,当 T 截止时,由恒流源对电容 C_1 充电,充电电流为恒流 I,C_1 的端电压 $u_C = \dfrac{1}{C_1} It$,它随时间 t 线性增长,形成锯齿波电压的上升段,调节电位器 R_p 可以改变 I 的值,即改变锯齿波电压上升段的斜率;当 T 导通时(饱和导通),u_C 迅速降为 0V 左右,形成了很陡的锯齿波下降段。

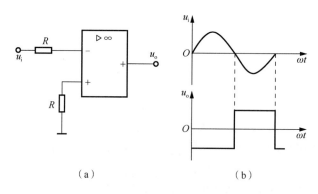

图 8.17　同步检测电路原理图

移相控制由综合比较放大器组成,如图 8.19 (a) 所示,放大器的输入比较电压为 u_C 和 u_K(11 脚的输入电压),经比较后产生 u_M 脉冲电压,再经过脉冲形成电路(逻辑单元)产生了输出脉冲电压 u_{o1}(15 脚电压信号)。改变 u_K 的大小,即可改变比较输出电压 u_M 脉冲沿出现的时刻,从而改变输出脉冲电压 u_{o1} 产生的时刻,如 u'_{o1},如图 8.19 (f) 所示。

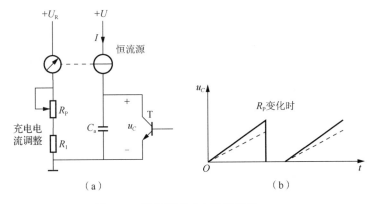

图 8.18　锯齿波形成电路原理图

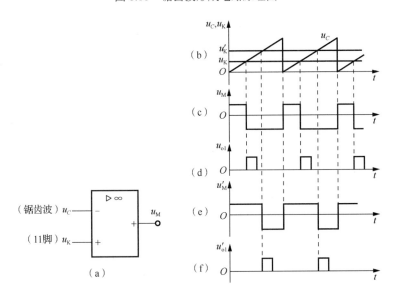

图 8.19　综合比较放大器及波形

8.4.2　TCA785 组成的触发电路

由 TCA785 组成的触发电路，如图 8.20 所示。

为了使触发脉冲与主回路交流电压同步，电路中引入了同步变压器，其中，u_2 与 u_2' 是同一铁心上的两个独立绕组，其电压波形在相位上是一致的（即是同步的），同时过零点，同时达最大值。同步信号检测电路的工作原理前已叙述，该信号用来控制放电管及时将电容电压 u_{C1} 释放掉，以使锯齿波能再次回到零点，保持与电源电压同步。为了得到较宽的移相范围，设置了偏置电压，它与给定电压互相作用，产生控制电压 u_K。

由逻辑单元输出的正相脉冲与负相脉冲经由二极管组成的或门电路送给后边的功率放大环节。该功率放大电路由晶体管等组成，当然也可以使用集成功率放大器，再经脉冲变压器，使主电路与控制电路隔离，产生相应的触发脉冲去控制晶闸管的导通。电路各点主要电压波形，如图 8.21 所示。

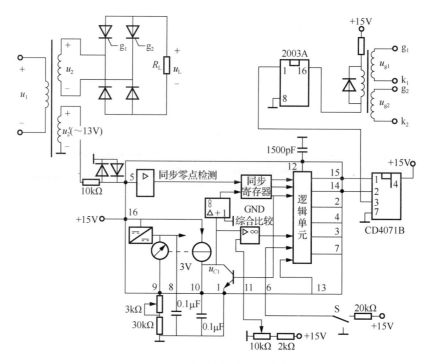

图 8.20　TCA785 组成的触发电路

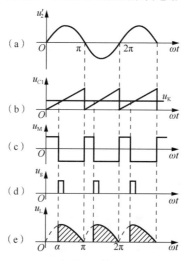

图 8.21　触发电路主要电压波形

8.5　晶闸管的保护

　　晶闸管虽然有很多优点，但是它同晶体管一样都是采用半导体材料制成的。因此过载能力小、抗干扰能力差，即使是短时间的过电流或过电压都可使晶闸管元件损坏。所以，使用晶闸管元件除按照工作环境正确选取电压、电流规格外，还必须采取适当的保护措施。

8.5.1 晶闸管的过电流保护

晶闸管是一种四层半导体元件,结温应有严格的限制,在流过的电流大于额定电流时,散热不及时,结温将迅速上升,最终导致结层被烧成开路或短路。例如一个 50A 的晶闸管,在一个周波内允许过载电流为 5 倍,这意味着,如果产生 5 倍的过电流时,必须在 0.02s 内下降为额定值,否则会造成永久性损坏。另外,晶闸管导通是从控制极附近逐渐扩大到整个硅片,当电流上升率 $\dfrac{\mathrm{d}i}{\mathrm{d}t}$ 过大时,也会引起晶闸管元件局部过热而烧坏。因此要限制电流上升率,一般采用串联空芯电感线圈来实现。对于过电流的保护措施有下列两种。

1. 快速熔断器

快速熔断器是最简单有效的保护器件,应用非常广泛。普通的熔断器,熔断特性动作太慢,往往在晶闸管烧坏后,它尚未熔断,故无法保护晶闸管。快速熔断器是用银质熔丝装入管内,填充石英砂。因银质熔丝导热性快而热容量小,在过电流时能快速熔断而及时切断电路电流,起到了保护晶闸管的作用。图 8.22 是快速熔断器的接入方式。

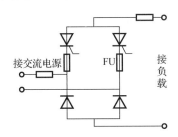

图 8.22 快速熔断器的接入方式

2. 过电流继电器

过电流继电器是快速动作保护电器,分为直流和交流两种,都可在发生过电流故障时动作,经 1~2ms 就可以使断路器跳闸。这种设备对过载保护是有效的,但是在发生短路故障时,效果较差。因此,一般都与快速熔断器配合使用。

8.5.2 晶闸管的过电压保护

晶闸管对过电压极灵敏,当正向电压超过它的允许值时,就会误导通,引起电路工作不正常。当外加反向电压超过它的允许值时,晶闸管就会因反向击穿而损坏。产生过电压的原因很多,例如交流电源的通断、晶闸管换相、感性电路的开闭以及从电源侧侵入的峰值电压等,都可能产生过电压。为了防止从电源侧侵入的过电压,可在变压器副侧并联阻容吸收装置 [图 8.23 (a)],或在变压器副侧并联硒堆。利用电容器 C 端电压不能跃变的特点,避免晶闸管承受过电压。硒堆是一种非线性电阻元件,当电压超过某一数值后,它的电阻迅速减少,把过电压能量消耗在非线性电阻上。阻容器吸收装置也可以接在直流输出端或直接与晶闸管并联,如图 8.23 (b)、图 8.23 (c) 所示。

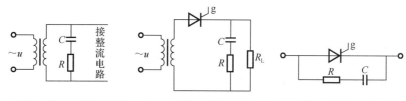

（a）单相变压器二次侧阻容保护　　（b）直流输出端阻容保护　　（c）与整流元件并联的阻容保护

图 8.23　阻容保护电路

习　题

8.1　晶闸管导通的条件是什么？已经导通的晶闸管在什么条件下才能从导通转为截止？

8.2　在单相半波可控整流电路中，负载电阻 $R_L = 20\Omega$，需直流电压 60V，现直接由 220V 电网供电。试计算晶闸管的导通角，并选用合适的晶闸管。

8.3　如图 8.11（a）的单相半控桥式整流电路中，已知 $R_L = 10\Omega$，输入交流电压 $u_2 = 220\sqrt{2}\sin\omega t$ V，输出平均电流 $I_o = 14.85$A。（1）求控制角 α；（2）求晶闸管承受的最大反向工作电压；（3）画出 u_o、i_o、u_{T1}、u_{D1} 的波形。

8.4　图 8.24 所示的电路为单相半控桥式可控整流电路的另一种形式。已知输入交流电压 $u_2 = 220\sqrt{2}\sin\omega t$ V，控制角 $\alpha = 60°$，负载电阻 $R_L = 10\Omega$。（1）画出 u_o、i_o、u_{T1} 的波形；（2）求输出电压的平均值 U_o；（3）求晶闸管 T_1 的最大反向电压 U_{RM}。

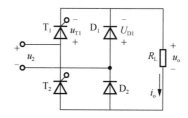

图 8.24　习题 8.4 图

参 考 文 献

刘润华, 2015. 电工电子学. 3 版. 北京: 高等教育出版社.

秦曾煌, 2009. 电工学 (第七版) (上、下). 北京: 高等教育出版社.

唐介, 刘蕴红, 王宁, 等, 2014. 电工学 (少学时). 4 版. 北京: 高等教育出版社.

肖军, 刘晓志, 2018. 电工与电子技术. 北京: 科学出版社.

肖军, 孟令军, 2012. 电子技术. 北京: 机械工业出版社.

张石, 刘晓志, 2012. 电工技术. 北京: 机械工业出版社.